名师名校新形态
通识教育系列教材

山东大学数学学院
School of Mathematics · Shandong University
新形态系列教材

概率论与数理统计
练习册

张天德 叶宏 主编

人民邮电出版社
北京

图书在版编目（CIP）数据

概率论与数理统计练习册 / 张天德, 叶宏主编. --北京：人民邮电出版社, 2023.4
名师名校新形态通识教育系列教材
ISBN 978-7-115-60828-4

Ⅰ. ①概… Ⅱ. ①张… ②叶… Ⅲ. ①概率论－高等学校－习题集②数理统计－高等学校－习题集 Ⅳ. ①O21-44

中国国家版本馆CIP数据核字(2023)第055659号

内 容 提 要

本书是山东大学数学学院新形态系列教材《概率论与数理统计（慕课版）》配套的练习册. 本书采用"一节一练"的结构，与主教材完全对应. 本书练习题覆盖主教材全部知识点，具体内容包括：随机事件与概率、随机变量及其分布、多维随机变量及其分布、数字特征与极限定理、统计量及其分布、参数估计、假设检验. 本书内容由易到难、由浅入深，有助于学生对知识点的理解、掌握和巩固，可以满足不同基础、不同要求的学生的学习需求，方便任课教师规范课后作业，方便学生自评、自测、总结学习情况.

本书可作为高等学校工科类专业学生学习"概率论与数理统计"课程的参考用书，也可作为大学生备战研究生入学考试的辅导用书，书中的习题也可供任课教师用于习题课教学.

♦ 主　　编　张天德　叶　宏
　 责任编辑　孙　澍
　 责任印制　王　郁　陈　犇
♦ 人民邮电出版社出版发行　北京市丰台区成寿寺路11号
　 邮编 100164　电子邮件 315@ptpress.com.cn
　 网址 https://www.ptpress.com.cn
　 固安县铭成印刷有限公司印刷
♦ 开本：787×1092　1/16
　 印张：7　　　　　　　　　　　　　　　2023年4月第1版
　 字数：167千字　　　　　　　　　　　2024年12月河北第4次印刷

定价：29.80元
读者服务热线：(010)81055256　印装质量热线：(010)81055316
反盗版热线：(010)81055315
广告经营许可证：京东市监广登字 20170147 号

前　言

"概率论与数理统计"不仅是高等学校工科类专业的必修基础课程，还是相关专业研究生入学考试的重要科目，在大学课程中占有十分重要的地位．本书旨在帮助任课教师规范课后作业，帮助学生自评、自测、总结学习情况．

本书选取了具有代表性的经典题目，采用"一节一练"的结构，并为每章选配了测验题，同时提供两套期末模拟试卷．在内容取舍上，本书坚持适应教学内容改革和新工科建设的要求，舍弃难度较大的练习题，补充强化基本知识点理解和应用的练习题，精选难度适中、解题方法具有代表性的练习题．在体系编排上，本书紧扣"概率论与数理统计"课程循序渐进、融会贯通的特点，内容由易到难、由浅入深，题目类型涵盖选择题、填空题、解答题等．

本书与主教材形成互补，题量多、梯度大，既能帮助学生通过高效的练习，加强对知识点的理解、掌握和巩固，为期末考试、考研等打好基础，又能对主教材各章知识点进行有效补充和拓展，帮助学生更好地掌握概率论与数理统计知识，提高综合素养，打好数学基础．

编者

2022 年 10 月

目 录

01
第 1 章　随机事件与概率
1.1　随机事件 …………………… 1
1.2　概率 ………………………… 3
1.3　条件概率 …………………… 9
1.4　事件的独立性 ……………… 13
第 1 章测验题 ……………………… 16

02
第 2 章　随机变量及其分布
2.1　随机变量与分布函数 ……… 21
2.2　离散型随机变量 …………… 23
2.3　连续型随机变量 …………… 29
2.4　随机变量函数的分布 ……… 33
第 2 章测验题 ……………………… 35

03
第 3 章　多维随机变量及其分布
3.1　二维随机变量及其分布 …… 41
3.2　边缘分布与随机变量的独立性 … 45
3.3　条件分布 …………………… 49
3.4　二维随机变量函数的分布 … 51
第 3 章测验题 ……………………… 55

04
第 4 章　数字特征与极限定理
4.1　数学期望 …………………… 61
4.2　方差 ………………………… 65
4.3　协方差与相关系数 ………… 67
4.4　大数定律与中心极限定理 … 69
第 4 章测验题 ……………………… 71

05

第 5 章　统计量及其分布

5.1　总体、样本及统计量 ………… 75

5.2　抽样分布 …………………… 77

第 5 章测验题 …………………… 79

06

第 6 章　参数估计

6.1　点估计 ……………………… 83

6.2　区间估计 …………………… 87

第 6 章测验题 …………………… 89

07

第 7 章　假设检验

7.1　假设检验的基本概念 ………… 93

7.2　正态总体参数的假设检验 …… 95

第 7 章测验题 …………………… 97

概率论与数理统计期末模拟试卷（一） ………………… 99

概率论与数理统计期末模拟试卷（二） ………………… 103

第 1 章
随机事件与概率

重点：随机事件的概念、事件间的关系及运算、概率的性质、古典概率、几何概率、条件概率、乘法公式、全概率公式、贝叶斯公式、事件的独立性.

难点：条件概率、全概率公式、贝叶斯公式.

知识结构

本章重点内容介绍

1.1 随机事件

1. 以 A 表示事件"甲种产品畅销，乙种产品滞销"，则其对立事件 $\bar{A}$ 为( ).
   A. "甲种产品滞销，乙种产品畅销"
   B. "甲、乙两种产品均畅销"
   C. "甲种产品滞销或乙种产品畅销"
   D. "甲种产品滞销"

2. 设事件 A 与 B 互不相容，则下列结论中一定正确的是( ).
   A. $\bar{A}$ 与 $\bar{B}$ 互不相容 B. $\bar{A}$ 与 $\bar{B}$ 相容
   C. A 与 B 对立 D. $A-B=A$

3. 对于任意两事件 A 和 B，与 $A \cup B = B$ 不等价的是( ).
   A. $A \subset B$ B. $\bar{B} \subset \bar{A}$ C. $A\bar{B} = \varnothing$ D. $\bar{A}B = \varnothing$

4. 设 A,B,C 为 3 个事件，则 A,B,C 仅有一个发生可表示为_____.

5. 设 A,B 为两个随机事件，则 $(A \cup B)A =$ _____.

6. 设 A,B 为随机事件，则 $(AB \cup A\bar{B} \cup \bar{A}B \cup \bar{A}\bar{B}) - \overline{AB} =$ _____.

7. 指出下面式子中事件 A,B,C 之间的关系：

(1) $AB=A$；

(2) $A \cup B=A$；

(3) $ABC=A$；

(4) $A \cup B \cup C=A$.

8. 已知事件 A 与 B 是对立事件，证明：$\bar{A}$ 与 $\bar{B}$ 也是对立事件.

9. 设 A,B,C 为 3 个事件，试用 A,B,C 之间的运算关系表示下列事件，要求每个事件写出两个表达式：

(1) 没有一个事件发生；

(2) 至多有两个事件发生.

1.2 概率

1. 掷两枚骰子，所得的两个点数中最小点数是2的概率为(　　).

   A. $\dfrac{1}{4}$　　　B. $\dfrac{1}{6}$　　　C. $\dfrac{2}{5}$　　　D. $\dfrac{4}{7}$

2. 把10本书随意放在书架上，则指定的3本书刚好放在一起的概率为(　　).

   A. $\dfrac{1}{15}$　　　B. $\dfrac{2}{15}$　　　C. $\dfrac{4}{15}$　　　D. $\dfrac{1}{3}$

3. 当事件 A 与 B 同时发生时，事件 C 必发生，则下列结论中正确的是(　　).

   A. $P(C)=P(AB)$　　　　　　　B. $P(C)=P(A\cup B)$

   C. $P(C)\geqslant P(A)+P(B)-1$　　D. $P(C)\leqslant P(A)+P(B)-1$

4. 设随机事件 A 与 B 互不相容，$P(A)=0.2$，$P(A\cup B)=0.5$，则 $P(B)=$ ＿＿＿＿＿．

5. 已知人的血型为 O 型、A 型、B 型、AB 型的概率分别是 0.4, 0.3, 0.2, 0.1，现有任意4人，则4人血型全不相同的概率为＿＿＿＿＿．

6. 设事件 A,B 都不发生的概率为 0.3，且 $P(A)+P(B)=0.8$，则 A,B 中至少有一个不发生的概率为＿＿＿＿＿．

7. 设事件 A 与 B 互不相容，$P(A)=0.4$，$P(B)=0.3$，求 $P(\overline{AB})$ 与 $P(\overline{A}\cup B)$．

8. 从所有的两位数 10,11,⋯,99 中任取一个数,求该数能被 2 或 3 整除的概率.

9. 袋子里装有 10 个号码球,标号分别为 1~10,从中任取 3 个,求:
(1) 最小号码为 5 的概率;
(2) 最大号码为 5 的概率;
(3) 中间号码为 5 的概率.

10. 在区间$(0,1)$内任取两个数,求这两个数的乘积小于$\dfrac{1}{4}$的概率.

11. 从一副扑克牌的 13 张黑桃中,有放回地抽 3 次,求抽出的 3 张牌中:
(1) 没有同号牌的概率;
(2) 有同号牌的概率.

12. 设有 k 个不同的球,每个球等可能地落入 N 个盒子中($k \leq N$). 设每个盒子可容纳的球的数量没有限制,求下列事件的概率:

(1) 指定的某 k 个盒子中各有一球;

(2) 指定的某个盒子中恰有 m 个球($m \leq k$);

(3) 恰有 k 个盒子中各有一球(每个盒子至多一球).

13. 已知 $P(A) = P(B) = P(C) = \dfrac{1}{4}, P(AB) = P(BC) = 0, P(AC) = \dfrac{1}{8}$,求:

(1) A, B, C 至少有一个发生的概率;

(2) A, B, C 全不发生的概率.

14. 已知 $P(A)=p, P(B)=q, P(A\cup B)=p+q$，求 $P(\bar{A}\cup B)$.

15. 某城市有 A,B,C 3 种报纸．居民中，订 A 报的占 45%，订 B 报的占 35%，订 C 报的占 30%，同时订 A 报与 B 报的占 10%，同时订 A 报与 C 报的占 8%，同时订 B 报与 C 报的占 5%，同时订 A 报、B 报与 C 报的占 3%，求下列事件的概率：
(1) 居民只订 A 报；
(2) 居民只订 A 报与 B 报；
(3) 居民只订一种报纸；
(4) 居民恰好订两种报纸；
(5) 居民至少订一种报纸；
(6) 居民不订任何报纸.

16. 从 5 双不同的鞋子中任取 4 只,求这 4 只鞋子中"至少有两只配成一双"(记为事件 A)的概率. 某同学计算得

$$P(A) = \frac{C_5^1 C_8^2}{C_{10}^4}.$$

该解法是否正确?如不正确,请写出正确解法.

1.3 条件概率

1. 设 A,B 为随机事件，且 $P(B)>0, P(A|B)=1$，则必有(　　).
   A. $P(A\cup B)>P(A)$　　　　　　B. $P(A\cup B)>P(B)$
   C. $P(A\cup B)=P(A)$　　　　　　D. $P(A\cup B)=P(B)$

2. 设 A,B 为两个事件，且 $A\subset B, P(B)>0$，则下列选项中必然成立的是(　　).
   A. $P(A)<P(A|B)$　　　　　　B. $P(A)\leqslant P(A|B)$
   C. $P(A)>P(A|B)$　　　　　　D. $P(A)\geqslant P(A|B)$

3. 设 $P(B)>0$，A_1,A_2 互不相容，则下列各式中不一定正确的是(　　).
   A. $P(A_1A_2|B)=0$　　　　　　B. $P(A_1\cup A_2|B)=P(A_1|B)+P(A_2|B)$
   C. $P(\overline{A_1}\overline{A_2}|B)=1$　　　　　　D. $P(\overline{A_1}\cup\overline{A_2}|B)=1$

4. 设随机事件 B 是 A 的子事件，已知 $P(A)=\dfrac{1}{4}, P(B)=\dfrac{1}{6}$，则 $P(B|A)=$ ＿＿＿＿＿＿.

5. 设 A,B 为两个事件，且 $P(A)=0.3, P(B)=0.4, P(A|B)=0.5$，则 $P(B|A)=$ ＿＿＿＿＿＿.

6. 假设一批产品中一、二、三等品分别占 $60\%,30\%,10\%$，现从中随机取一件产品，结果不是三等品，则它是二等品的概率为 ＿＿＿＿＿＿.

7. 有 20 套试题，其中 7 套已经在考试中用过.现从这 20 套试题中不放回地依次抽取 2 套.问：在第一次抽取的是未曾用过的试题的情况下，第二次抽取的也是未曾用过的试题的概率是多少？

8. 已知 $P(\bar{A}) = 0.3, P(B) = 0.4, P(A\bar{B}) = 0.5$，求 $P(B \mid A \cup \bar{B})$.

9. 设事件 A, B 满足 $P(B \mid A) = P(\bar{B} \mid \bar{A}) = \dfrac{1}{3}, P(A) = \dfrac{1}{3}$，求 $P(B)$.

10. 一批零件共有 100 个，其中有 10 个次品. 从中一个一个取出，求第三次才取到次品的概率.

11. 设甲袋中装有 n 个白球、m 个红球；乙袋中装有 N 个白球、M 个红球. 现从甲袋中任取一个球放入乙袋，再从乙袋中任取一个球，求取到白球的概率.

12. 某地区居民的肝病患病率为 0.000 4. 用甲胎蛋白法进行检查时，化验结果是有可能出现错误的：患有肝病的居民其化验结果 99% 为阳性（患病），而未患肝病的居民其化验结果 99.9% 为阴性（未患病）. 现某居民的化验结果为阳性，则他的确患有肝病的概率是多少？

13. 有 3 个箱子，第一个箱子中有 4 个黑球、1 个白球；第二个箱子中有 3 个黑球、3 个白球；第三个箱子中有 3 个黑球、5 个白球. 现随机地取一个箱子，再从这个箱子中取出一个球，这个球为白球的概率是多少？若已知取出的球是白球，则此球属于第一个箱子的概率是多少？

14. 玻璃杯成箱出售，每箱 20 个. 假设每箱含 $0,1,2$ 个残次品的概率分别为 $0.8,0.1,0.1$. 一顾客欲买下一箱玻璃杯，购买时，售货员随意取出一箱，而顾客开箱随意查看其中 4 个，若无残次品，则买下该箱玻璃杯，否则退回. 求：

(1) 顾客买下该箱玻璃杯的概率；

(2) 顾客买下的一箱玻璃杯中确实没有残次品的概率.

1.4 事件的独立性

1. 对于任意两个事件 A 和 B，(   ).
   - A. 若 $AB \neq \varnothing$，则 A, B 一定独立
   - B. 若 $AB \neq \varnothing$，则 A, B 有可能独立
   - C. 若 $AB = \varnothing$，则 A, B 一定独立
   - D. 若 $AB = \varnothing$，则 A, B 一定不独立

2. 设 $0<P(A)<1, 0<P(B)<1, P(A|B)+P(\bar{A}|\bar{B})=1$，则(   ).
   - A. 事件 A 和 B 互不相容
   - B. 事件 A 和 B 互相对立
   - C. 事件 A 和 B 互不独立
   - D. 事件 A 和 B 相互独立

3. 将一枚硬币独立地掷两次，记事件 A_1 为"掷第一次出现正面"，事件 A_2 为"掷第二次出现正面"，事件 A_3 为"正、反面各出现一次"，事件 A_4 为"正面出现两次"，则(   ).
   - A. 事件 A_1, A_2, A_3 相互独立
   - B. 事件 A_2, A_3, A_4 相互独立
   - C. 事件 A_1, A_2, A_3 两两独立
   - D. 事件 A_2, A_3, A_4 两两独立

4. 设 A, B, C 3 个事件两两独立，则 A, B, C 相互独立的充分必要条件是(   ).
   - A. A 与 BC 独立
   - B. AB 与 $A \cup C$ 独立
   - C. AB 与 AC 独立
   - D. $A \cup B$ 与 $A \cup C$ 独立

5. 设随机事件 A 与 B 相互独立，且 $P(B)=0.5, P(A-B)=0.3$，则 $P(B-A)=$ _____.

6. 设人群中感冒患者的比例为 p，则在有 10 人的聚会中存在感冒患者的概率为 _____.

7. 一种零件的加工由两道工序组成. 第一道工序的废品率为 p_1，第二道工序的废品率为 p_2，则该零件加工的成品率为 _____.

8. 设每次试验成功的概率为 $p(0<p<1)$，现进行独立重复试验，直到完成第 10 次试验才取得第 4 次成功的概率为 _____.

9. 甲、乙两位射手击中目标的概率分别为 0.8 与 0.9，如果甲、乙同时独立地射击一次，求下列事件的概率:
   (1) 两人都命中;
   (2) 恰有一人命中;
   (3) 至少一人命中;
   (4) 两人都不命中.

10. 设事件 A,B 相互独立. 若 A,B 都不发生的概率为 $\dfrac{1}{9}$，且 A 发生 B 不发生的概率与 B 发生 A 不发生的概率相等，求 $P(A)$.

11. 甲、乙、丙 3 人同时对飞机进行射击，3 人击中飞机的概率分别为 $0.4, 0.5, 0.7$. 飞机被一人击中且被击落的概率为 0.2，被两人击中而被击落的概率为 0.6，若 3 人都击中，则飞机必定被击落. 求飞机被击落的概率.

12. 设 A, B, C 相互独立，证明：$A \cup B$ 与 C 相互独立.

13. 甲、乙两人轮流射击，先命中目标者获胜，已知他们的命中率分别为 p_1 和 p_2，每一轮甲先射，求每个人获胜的概率.

第1章测验题

一、选择题

1. 设事件 A 与事件 B 互不相容，则（　　）.
   A. $P(\overline{AB})=0$
   B. $P(AB)=P(A)P(B)$
   C. $P(A)=1-P(B)$
   D. $P(\overline{A}\cup\overline{B})=1$

2. 设随机事件 A,B 及其并事件 $A\cup B$ 的概率分别是 $0.4, 0.3, 0.6$. 若 $\overline{B}$ 表示 B 的对立事件，则事件 $A\overline{B}$ 的概率 $P(A\overline{B})=$（　　）.
   A. 0.2　　B. 0.4　　C. 0.1　　D. 0.3

3. 设 A,B 是两个随机事件，且 $0<P(A)<1, P(B)>0, P(B|A)=P(B|\overline{A})$，则必有（　　）.
   A. $P(A|B)=P(\overline{A}|B)$
   B. $P(A|B)\neq P(\overline{A}|B)$
   C. $P(AB)=P(A)P(B)$
   D. $P(AB)\neq P(A)P(B)$

4. 设 A,B,C 是 3 个事件，与事件 A 互斥的事件是（　　）.
   A. $\overline{AB}\cup AC$
   B. $\overline{A(B\cup C)}$
   C. $\overline{ABC}$
   D. $\overline{A\cup B\cup C}$

5. 在区间 $[0,1]$ 上随机地取一个点，记为 X，设事件 $A=\left\{0\leqslant X\leqslant\dfrac{1}{2}\right\}, B=\left\{\dfrac{1}{4}\leqslant X\leqslant\dfrac{3}{4}\right\}$，则（　　）.
   A. A,B 互不相容
   B. A,B 相互独立
   C. A 包含于 B
   D. A 与 B 对立

二、填空题

1. 袋中共有 10 个乒乓球，其中 8 个白球、2 个黄球，从中任意取 3 个，则取出的 3 个球中恰有一个黄球的概率为_____.

2. 已知随机事件 A 的概率为 $P(A)=0.5$，随机事件 B 的概率为 $P(B)=0.6$，且已知条件概率 $P(B|A)=0.8$，则 $P(A\cup B)=$_____.

3. 袋中有 5 个白球、3 个黑球，连续不放回地从袋中取两次球，每次取一个，则第二次取球取到白球的概率是_____.

4. 从 $1,2,3,4$ 这 4 个数中任取一个数，记为 X，再从 $\overline{X}=\dfrac{1}{n}\sum\limits_{i=1}^{n}X_i$ 中任取一个数，记为 Y，则 $P\{Y=2\}=$_____.

5. 设工厂 A 和工厂 B 生产的产品次品率分别为 1% 和 2%，现从由工厂 A 和工厂 B 的产品分别占 60% 和 40% 的一批产品中随机地抽取一件，发现其是次品，则该次品由工厂 A 生产的概率是_____.

三、解答题

1. 5 卷文集任意摆放在书架上，求下列事件的概率：

(1) 第 1 卷出现在两边；

(2) 第 1 卷及第 5 卷出现在两边；

(3) 第 1 卷或第 5 卷出现在两边；

(4) 第 1 卷或第 5 卷不出现在两边．

2. 有一根长为 l 的木棒，任意折成 3 段，求恰好能构成一个三角形的概率．

3. 设 $P(A)=a, P(B)=0.3, P(\bar{A}\cup B)=0.7$.

(1) 若事件 A 与 B 互不相容，求 a.

(2) 若事件 A 与 B 相互独立，求 a.

4. 已知 $P(A)=\dfrac{1}{2}$.

(1) 若 A,B 互斥，求 $P(A\bar{B})$.

(2) 若 $P(AB)=\dfrac{1}{8}$，求 $P(A\bar{B})$.

5. 已知事件 A,B 仅发生一个的概率为 0.3，$P(A)+P(B)=0.7$，求 A,B 至少有一个发生的概率.

6. 甲、乙、丙 3 位学生同时独立参加某种考试，不及格的概率分别为 $0.4,0.3,0.5$. 求：
(1) 恰有两位学生不及格的概率；
(2) 至少有一位学生不及格的概率.

7. 将信息 A,B 传送出去，A,B 被传送的频繁程度之比为 $2:1$，接收机收到时，A 被误认为 B 的概率为 0.02，B 被误认为 A 的概率为 0.01，若已经收到 A，求原发信息为 A 的概率.

8. 某加油站的顾客中，40%使用90号汽油，35%使用92号汽油，25%使用95号汽油. 用90号汽油的顾客中有30%加满油箱，用92号汽油的顾客中有60%加满油箱，用95号汽油的顾客中有50%加满油箱，求：

(1) 随便选一名顾客，其加满油箱的概率；

(2) 已知某顾客油箱加满，他使用92号汽油的概率.

9. 设事件 A,B,C 两两独立，且满足条件 $ABC = \varnothing$，$P(A) = P(B) = P(C) < \dfrac{1}{2}$，$P(A \cup B \cup C) = \dfrac{9}{16}$，求 $P(A)$.

第 2 章

随机变量及其分布

重点：随机变量及其分布函数的概念、离散型随机变量及其概率分布、连续型随机变量及其概率密度函数、常见分布、随机变量函数的分布.

难点：随机变量函数的分布.

知识结构

本章重点内容介绍

2.1 随机变量与分布函数

1. 设 $F_1(x)$ 与 $F_2(x)$ 分别是某两个随机变量的分布函数，为使 $F(x)=aF_1(x)-bF_2(x)$ 成为某一随机变量的分布函数，在下列给定的各组数值中应取(　　).

A. $a=\dfrac{3}{5}, b=-\dfrac{2}{5}$　　B. $a=\dfrac{2}{3}, b=\dfrac{2}{3}$　　C. $a=-\dfrac{1}{2}, b=\dfrac{3}{2}$　　D. $a=\dfrac{1}{2}, b=-\dfrac{3}{2}$

2. 下列各函数中，可作为某随机变量分布函数的是(　　).

A. $F_1(x)=\dfrac{1}{1+x^2}, -\infty<x<+\infty$

B. $F_2(x)=\begin{cases}\dfrac{x}{1+x}, & x>0, \\ 0, & x\leqslant 0\end{cases}$

C. $F_3(x)=\mathrm{e}^{-x}, -\infty<x<+\infty$

D. $F_4(x)=\dfrac{3}{4}+\dfrac{1}{2\pi}\arctan x, -\infty<x<+\infty$

3. 设 $F(x)=A+\dfrac{1}{\pi}\arctan x, -\infty<x<+\infty$ 为某一随机变量的分布函数，则常数 $A=$ _____.

4. 已知随机变量 X 的分布函数为 $F(x)=\begin{cases}0, & x<0, \\ \dfrac{1}{2}, & 0\leqslant x<1, \\ 1-\mathrm{e}^{-x}, & x\geqslant 1,\end{cases}$ 则 $P\{X=1\}=$ _____.

5. 设随机变量 X 的分布函数为 $F(x) = \begin{cases} 1-e^{-x}, & x>0, \\ 0, & x \leq 0, \end{cases}$ 求：

(1) $P\{X \leq 3\}$；
(2) $P\{X > 1\}$；
(3) $P\{2 < X \leq 4\}$.

6. 设随机变量 X 的分布函数为 $F(x) = \begin{cases} 0, & x < \dfrac{\pi}{6}, \\ A\sin x, & \dfrac{\pi}{6} \leq x \leq \dfrac{\pi}{2}, \\ 1, & x > \dfrac{\pi}{2}, \end{cases}$ 求：

(1) A；
(2) $P\left\{\dfrac{\pi}{12} < X \leq \dfrac{\pi}{3}\right\}$；
(3) $P\left\{\dfrac{\pi}{3} < X \leq \pi\right\}$.

2.2 离散型随机变量

1. 下列各选项中，可作为某随机变量的分布律的是( ).

A.

X	0	1	2
P	0.5	0.2	−0.1

B.

X	0	1	2
P	0.3	0.5	0.1

C.

X	0	1	2
P	$\frac{1}{3}$	$\frac{2}{5}$	$\frac{4}{15}$

D.

X	0	1	2
P	$\frac{1}{2}$	$\frac{1}{3}$	$\frac{1}{4}$

2. 已知离散型随机变量 X 的概率分布如下所示.

X	−1	0	1	2	4
P	0.1	0.2	0.1	0.2	0.4

下列概率计算结果正确的是( ).

A. $P\{X=3\}=0$ B. $P\{X=0\}=0$ C. $P\{X>-1\}=1$ D. $P\{X<4\}=1$

3. 设离散型随机变量 X 的分布律为 $P\{X=k\}=b\lambda^k(k=1,2,3,\cdots)$，且 $b>0$，则( ).

A. λ 为任意实数 B. $\lambda=b+1$ C. $\lambda=\dfrac{1}{1+b}$ D. $\lambda=\dfrac{1}{b-1}$

4. 设随机变量 X 服从参数为 λ 的泊松分布，且 $P\{X=0\}=\dfrac{1}{2}$，则 $P\{X>1\}=$( ).

A. $\dfrac{1}{2}+\dfrac{1}{2}\ln 2$ B. $1-\dfrac{1}{2}\ln 2$ C. $\dfrac{1}{2}(1-\ln 2)$ D. $\dfrac{1}{2}$

5. 若随机变量 $X\sim B\left(4,\dfrac{1}{3}\right)$，则 $P\{X\geqslant 1\}=$( ).

A. $\dfrac{65}{81}$ B. $\dfrac{16}{81}$ C. $\dfrac{11}{27}$ D. $\dfrac{16}{27}$

6. 已知离散型随机变量 X 的分布律如下所示，则 $p=$ _____.

X	0	1	2
P	0.3	p	0.1

7. 已知随机变量 X 的分布律如下所示，$Y=X^2-1$，记随机变量 Y 的分布函数为 $F_Y(y)$，则 $F_Y(2)=$ _____.

X	−2	0	1	2
P	0.1	0.3	0.4	0.2

8. 设 X 服从泊松分布，且已知 $P\{X=1\}=P\{X=2\}$，则 $P\{X=4\}=$ _____.

9. 设 $X \sim B(2,p), Y \sim B(3,p)$，若 $P\{X \geq 1\} = \dfrac{5}{9}$，则 $P\{Y \geq 1\} =$ _____.

10. 同时掷两枚骰子，直到一枚骰子出现 6 点为止，则抛掷次数 X 服从参数为_____的几何分布.

11. 设随机变量 X 可能的取值为 $-1,0,1$，$P\{X=-1\} = \dfrac{a}{2}, P\{X=0\} = b, P\{X=1\} = \dfrac{1}{6}$，且 $P\{X^2 = X\} = \dfrac{1}{2}$，求 a, b.

12. 设袋子里有白球 4 个和黑球 1 个，甲、乙两人轮流从中取球，取到黑球就停止，甲先取，用 X 表示甲的取球次数，求 X 的分布律.

13. 从装有 3 个红球、1 个白球的袋子中分两次随机地取球，每次取一个. 设 X 表示两次取出的白球数，试在以下两种情况下，分别求出 X 的分布律：

(1) 有放回抽取；

(2) 不放回抽取.

14. 设随机变量 X 的分布律如下.

X	-1	2	4
P	0.2	0.5	0.3

求：(1) X 的分布函数 $F(x)$；(2) $P\{X\leqslant 0\}$，$P\{-1<X\leqslant 2.5\}$，$P\{-1\leqslant X\leqslant 2.5\}$，$P\{X>1.5\}$.

15. 设 X 的分布函数为 $F(x)=P\{X\leqslant x\}=\begin{cases}0, & x<-1,\\ 0.4, & -1\leqslant x<1,\\ 0.8, & 1\leqslant x<3,\\ 1, & x\geqslant 3,\end{cases}$ 求 X 的概率分布.

16. 设有 5 个独立同类型的供水设备,在任一时刻 t,每个供水设备被使用的概率为 0.1.求:

(1)在同一时刻恰有 2 个供水设备被使用的概率;

(2)在同一时刻至多有 3 个供水设备被使用的概率.

17. 电话交换台每分钟的呼叫次数服从参数为 4 的泊松分布，求：
(1) 每分钟恰有 8 次呼叫的概率；
(2) 每分钟的呼叫次数大于 10 的概率.

18. 设有 80 台同类型设备，各台设备工作时是相互独立的，发生故障的概率都是 0.01，且一台设备的故障能由一个人处理. 考虑两种配备维修工人的方法，其一是由 4 人维护，每人负责 20 台设备；其二是由 3 人共同维护 80 台设备. 试比较这两种方法在设备发生故障时不能及时维修的概率的大小.

19. 已知在 15 个零件中有 3 个是次品，在其中不放回取 4 次，每次任取一个，以 X 表示取出次品的数量，求 X 的分布律.

20. 假设做伯努利试验，每次成功的概率为 $p(0<p<1)$，试验一直进行到第二次成功为止，用 X 表示此时总的试验次数，求 X 的分布律.

2.3 连续型随机变量

1. 设 X 为连续型随机变量，则 X 的分布函数是（　　）.
   A. 非阶梯间断函数　　　　　　　　B. 可导函数
   C. 连续但不一定可导的函数　　　　D. 阶梯型函数

2. 下列各函数中，可作为某随机变量的概率密度的是（　　）.
   A. $f(x)=\begin{cases}5x^4, & 0<x<1,\\ 0, & 其他\end{cases}$
   B. $f(x)=\begin{cases}\dfrac{1}{5}x^4, & 0<x<1,\\ 0, & 其他\end{cases}$
   C. $f(x)=\begin{cases}4x^3, & -1<x<1,\\ 0, & 其他\end{cases}$
   D. $f(x)=\begin{cases}3x^2, & 0<x<1,\\ -1, & 其他\end{cases}$

3. 设随机变量 X 的概率密度为 $f(x)=\dfrac{1}{2\sqrt{2\pi}}e^{-\frac{(x+2)^2}{8}}$，则 $X\sim$（　　）.
   A. $N(-2,2)$　　B. $N(-2,4)$　　C. $N(-2,8)$　　D. $N(-2,16)$

4. 设随机变量 X 在区间 $[2,4]$ 上服从均匀分布，则 $P\{2<X<3\}=$（　　）.
   A. $P\{3.5<X<4.5\}$　　　　　　　B. $P\{1.5<X<2.5\}$
   C. $P\{2.5<X<3.5\}$　　　　　　　D. $P\{4.5<X<5.5\}$

5. 设随机变量 X 服从正态分布 $N(\mu_1,\sigma_1^2)$，Y 服从正态分布 $N(\mu_2,\sigma_2^2)$，且 $P\{|X-\mu_1|<1\}>P\{|Y-\mu_2|<1\}$，则必有（　　）.
   A. $\sigma_1<\sigma_2$　　B. $\sigma_1>\sigma_2$　　C. $\mu_1<\mu_2$　　D. $\mu_1>\mu_2$

6. 设随机变量 X 的概率密度为 $f(x)=ae^{-\frac{x^2}{2}+x}$，则 $a=$ ＿＿＿＿＿＿．

7. 设连续型随机变量 X 的概率密度为 $f(x)=\begin{cases}\dfrac{1}{3}, & 0<x<1,\\ \dfrac{2}{9}, & 3<x<6,\\ 0, & 其他,\end{cases}$ 则使 $P\{X\geqslant k\}=\dfrac{2}{3}$ 成立的 k 的取值范围是＿＿＿＿＿＿．

8. 设 $X\sim E(\lambda)(\lambda>0)$，则 $P\left\{X>\dfrac{1}{\lambda}\right\}=$ ＿＿＿＿＿＿．

9. 设随机变量 X 服从正态分布 $N(\mu,\sigma^2)(\sigma>0)$，且二次方程 $y^2+4y+X=0$ 无实根的概率为 $\dfrac{1}{2}$，则 $\mu=$ ＿＿＿＿＿＿．

10. 设连续型随机变量 X 的概率密度为 $f(x)=\begin{cases}1, & 0\leqslant x\leqslant 1,\\ 0, & 其他,\end{cases}$ 则当 $0\leqslant x\leqslant 1$ 时，X 的分布函数 $F(x)=$ ＿＿＿＿＿＿．

11. 设随机变量 X 的概率密度为 $f(x)=\begin{cases} ax+1, & 0\leq x\leq 2, \\ 0, & 其他. \end{cases}$ 求：

(1) 常数 a；

(2) X 的分布函数 $F(x)$；

(3) $P\{1<X<3\}$.

12. 设连续型随机变量 X 的概率密度为 $f(x)=\begin{cases} 2x, & 0\leq x\leq 1, \\ 0, & 其他, \end{cases}$ 以 Y 表示对 X 的 3 次独立重复试验中 $X\leq\dfrac{1}{2}$ 出现的次数，求概率 $P\{Y=2\}$.

13. 设随机变量 X 的分布函数为
$$F(x) = \begin{cases} 0, & x \leq 0, \\ Ax^2, & 0 < x \leq 1, \\ 1, & x > 1. \end{cases}$$
求：(1) 常数 A；(2) $P\{0.3 < X \leq 0.7\}$；(3) 概率密度 $f(x)$.

14. 随机变量 K 在区间 $[0,5]$ 上服从均匀分布，求方程 $4x^2 + 4Kx + K + 2 = 0$ 有实根的概率.

15. 设随机变量 X 服从参数为 λ 的指数分布，且落入区间 $(1,2)$ 内的概率达到最大，求 λ.

16. 设随机变量 $X \sim N(1,4)$，试求 $P\{0 < X \leq 1.6\}$ 与 $P\{X > 5\}$.

17. 一工厂生产的电子管的寿命 X(单位：h)服从 $\mu = 160$、σ 未知的正态分布，若要求 $P\{120 \leq X \leq 200\} \geq 0.8$，则 σ 最大可为多少？

18. 某人乘汽车去火车站乘火车，有两条路可走. 第一条路程较短但交通拥挤，所需时间 X 服从正态分布 $N(40, 10^2)$；第二条路程较长，但阻塞少，所需时间 Y 服从正态分布 $N(50, 4^2)$.

(1) 若此人动身时离火车开车时间只有 1h，则他走哪条路能乘上火车的把握大些？

(2) 若此人动身时离火车开车时间只有 45min，则他走哪条路能乘上火车的把握大些？

2.4 随机变量函数的分布

1. 已知 X 的分布律为

X	-1	0	1	2
P	0.2	0.1	0.3	0.4

则 $Y=X^2-1$ 的分布律为(　　).

A.
Y	-1	0	1	2
P	0.2	0.1	0.3	0.4

B.
Y	1	0	1	4
P	0.2	0.1	0.3	0.4

C.
Y	0	1	4
P	0.1	0.5	0.4

D.
Y	-1	0	3
P	0.1	0.5	0.4

2. 设随机变量 X 的概率密度为 $f(x)$，$-\infty<x<+\infty$，则 $Y=X^3$ 的概率密度为(　　).

A. $f_Y(y)=\dfrac{2}{3}y^{-\frac{1}{3}}f(y^3),y\neq 0$　　B. $f_Y(y)=\dfrac{1}{3}y^{-\frac{2}{3}}f(y^{\frac{1}{3}}),y\neq 0$

C. $f_Y(y)=\dfrac{1}{3}y^{-\frac{2}{3}}f(y^3),y\neq 0$　　D. $f_Y(y)=\dfrac{2}{3}y^{-\frac{1}{3}}f(y^3),y\neq 0$

3. 若 X 是连续型随机变量，则 $Y=g(X)$(　　).

A. 一定是连续型随机变量　　B. 一定是非离散型随机变量

C. 一定是离散型随机变量　　D. 有可能是连续型随机变量

4. 设随机变量 X 服从参数为 2 的指数分布，则 $Y=1-e^{-2X}$ 的分布函数为_____.

5. 已知随机变量 X 的概率密度为 $f(x)=\begin{cases}e^{-x}, & x>0,\\ 0, & 其他,\end{cases}$ 那么，当 $y>0$ 时，$Y=X^2$ 的概率密度为_____.

6. 若 $X\sim N(1,1)$，则 $2X+1\sim$ _____.

7. 设随机变量 X 的分布律如下.

X	-2	-1	0	1	3
P	0.3	0.2	0.1	0.3	0.1

求：(1) $Y=2-X$ 的分布律；(2) $Z=X^2$ 的分布律.

8. 设随机变量 X 的概率密度为 $f_X(x) = \begin{cases} \dfrac{x}{8}, & 0<x<4, \\ 0, & 其他. \end{cases}$ 求 $Y=2X+8$ 的概率密度.

9. 设随机变量 X 的概率密度为

$$f_X(x) = \begin{cases} \dfrac{1}{2}, & -1<x<0, \\ \dfrac{1}{4}, & 0 \leq x<2, \\ 0, & 其他, \end{cases}$$

求 $Y=X^2$ 的概率密度 $f_Y(y)$.

第 2 章测验题

一、选择题

1. 设随机变量 X 的分布律如下.

X	1	2	3	4
P	$\dfrac{1}{4}$	$\dfrac{1}{8}$	$\dfrac{4}{7}$	$\dfrac{3}{56}$

若 X 的分布函数为 $F(x)$，则 $F(3) = (\quad)$.

A. $\dfrac{53}{56}$ B. $\dfrac{3}{8}$ C. $\dfrac{3}{56}$ D. $\dfrac{1}{4}$

2. 投掷一枚不均匀的硬币，已知在 4 次投掷中至少出现一次正面朝上的概率为 $\dfrac{80}{81}$，则在一次投掷中出现正面朝上的概率为 $(\quad)$.

A. $\dfrac{1}{81}$ B. $\dfrac{1}{9}$ C. $\dfrac{2}{3}$ D. $\dfrac{1}{3}$

3. 设 X_1 和 X_2 是任意两个相互独立的连续型随机变量，它们的概率密度分别为 $f_1(x)$ 和 $f_2(x)$，分布函数分别为 $F_1(x)$ 和 $F_2(x)$，则 $(\quad)$.

A. $f_1(x) + f_2(x)$ 必为某一随机变量的概率密度

B. $f_1(x) f_2(x)$ 必为某一随机变量的概率密度

C. $F_1(x) + F_2(x)$ 必为某一随机变量的分布函数

D. $F_1(x) F_2(x)$ 必为某一随机变量的分布函数

4. 设随机变量 X 的概率密度 $f(x)$ 满足 $f(1+x) = f(1-x)$，且 $\int_0^2 f(x) \mathrm{d}x = 0.6$，则 $P\{X < 0\} = (\quad)$.

A. 0.2   B. 0.3   C. 0.4   D. 0.5

5. 设 $X \sim N(\mu, 4^2), Y \sim N(\mu, 5^2)$，记 $p_1 = P\{X \leqslant \mu - 4\}, p_2 = P\{Y \geqslant \mu + 5\}$，则 $(\quad)$.

A. 对任意实数 μ，有 $p_1 = p_2$ B. 对任意实数 μ，有 $p_1 < p_2$

C. 对任意实数 μ，有 $p_1 > p_2$ D. 对 μ 的个别值，有 $p_1 = p_2$

二、填空题

1. 已知随机变量 X 的分布律如下，且 $P\{X \geqslant 2\} = \dfrac{3}{4}$，则未知参数 $\theta = $ _____.

X	1	2	3
P	θ^2	$2\theta(1-\theta)$	$(1-\theta)^2$

2. 设 $X \sim P(\lambda), 4P\{X=2\} = P\{X \leqslant 1\}$，则 $P\{X=3\} = $ _____.

3. 设随机变量 X 服从参数为 1 的指数分布，a 为常数且大于零，则 $P\{X > a+1 \mid X > a\} = $ _____.

4. 随机变量 $X \sim N(\mu, \sigma^2)$，其概率密度为

$$f(x) = \frac{1}{\sqrt{6\pi}} e^{-\frac{x^2-4x+4}{6}} \quad (-\infty < x < +\infty),$$

若已知 $\int_c^{+\infty} f(x) \mathrm{d}x = \int_{-\infty}^c f(x) \mathrm{d}x$，则 $c = $ _____.

5. 设随机变量 X 在区间 $(0,1)$ 内服从均匀分布，则 $Y = -2\ln X$ 的概率密度为_____.

三、解答题

1. 设 10 件产品中有 7 件正品、3 件次品，随机地抽取产品，每次取 1 件，直到取到正品为止.

(1) 若有放回地抽取，求抽取次数 X 的概率分布.

(2) 若不放回地抽取，求抽取次数 X 的概率分布.

(3) 就以上两种情形，分别求"至少抽取 3 次才能取到正品"的概率.

2. 设随机变量 X 的分布律如下.

X	-2	-1	0	1	2
P	$\dfrac{1}{5}$	$\dfrac{1}{6}$	$\dfrac{1}{5}$	$\dfrac{1}{15}$	$\dfrac{11}{30}$

求 $Y=X^2$ 的分布律.

3. 连续型随机变量 X 的概率密度为

$$f(x)=\begin{cases}\dfrac{A}{\sqrt{1-x^2}}, & |x|<1 \\ 0, & \text{其他,}\end{cases}$$

求：(1) 常数 A；(2) X 落在区间 $\left(-\dfrac{1}{2}, \dfrac{1}{2}\right)$ 内的概率；(3) X 的分布函数.

4. 设随机变量 X 的分布函数为
$$F(x)=\begin{cases}0, & x\leq 1,\\ \ln x, & 1<x<e,\\ 1, & x\geq e,\end{cases}$$
求：(1) $P\{X<2\}$, $P\{0<X\leq 3\}$；(2) X 的概率密度.

5. 在区间 $(0,2)$ 上随机取一点，将该区间分成两段，较短的一段的长度记为 X，较长的一段的长度记为 Y. 令 $Z=\dfrac{Y}{X}$，求：

(1) X 的概率密度；

(2) Z 的概率密度.

6. 某种型号电池的寿命 X(单位：h)的概率密度为

$$f(x)=\begin{cases}\dfrac{1\,000}{x^2}, & x>1\,000,\\ 0, & \text{其他},\end{cases}$$

现有一大批这种电池(设各电池损坏与否相互独立). 任取 5 个电池，其中至少有 2 个电池寿命大于 1 500h 的概率是多少？

7. 若每只母鸡的产蛋数服从参数为 λ 的泊松分布，而每个蛋能孵化成小鸡的概率为 p. 试证明：每只母鸡孵化出的小鸡数服从参数为 λp 的泊松分布.

8. 设随机变量 X 的分布律为 $P\{X=1\}=P\{X=2\}=\dfrac{1}{2}$，在给定 $X=i$ 的条件下，随机变量 Y 服从均匀分布 $U(0,i)$，$i=1,2$，求 Y 的分布函数.

第 3 章
多维随机变量及其分布

重点：二维随机变量、联合分布函数、联合分布律、联合概率密度、边缘分布、条件分布、随机变量的独立性、多维随机变量函数的分布.

难点：多维随机变量函数的分布.

知识结构

本章重点内容介绍

3.1 二维随机变量及其分布

1. 设二维随机变量 (X, Y) 的联合分布函数为 $F(x, y)$，则 $F(-\infty, +\infty) = ($ $)$.

   A. $\dfrac{1}{4}$ B. $\dfrac{1}{3}$ C. 1   D. 0

2. 随机变量 (X, Y) 的联合分布律如下，则 $\alpha = ($ $)$.

Y \ X	1	2
1	$\dfrac{1}{6}$	$\dfrac{1}{9}$
2	$\dfrac{1}{2}$	α

   A. $\dfrac{1}{6}$ B. $\dfrac{1}{9}$ C. $\dfrac{1}{2}$ D. $\dfrac{2}{9}$

3. 假设二维连续型随机变量 (X, Y) 的联合概率密度是 $f(x, y)$，则 (X, Y) 的联合分布函数是（   ）.

   A. $\int_{y}^{+\infty}\int_{-\infty}^{+\infty} f(u, v)\,\mathrm{d}u\,\mathrm{d}v$

   B. $\int_{-\infty}^{y}\int_{-\infty}^{+\infty} f(u, v)\,\mathrm{d}u\,\mathrm{d}v$

   C. $\int_{-\infty}^{x}\int_{-\infty}^{+\infty} f(u, v)\,\mathrm{d}v\,\mathrm{d}u$

   D. $\int_{-\infty}^{x}\int_{-\infty}^{y} f(u, v)\,\mathrm{d}v\,\mathrm{d}u$

4. 设二维随机变量 (X,Y) 的联合分布函数为

$$F(x,y)=\begin{cases}1-2^{-x}-2^{-y}+2^{-x-y}, & x\geqslant 0, y\geqslant 0\\ 0, & \text{其他},\end{cases}$$

则 $P\{1<X\leqslant 2, 3<Y\leqslant 5\}=$ _____.

5. 设二维随机变量 (X,Y) 服从区域 G 上的均匀分布，G 由曲线 $y=x^2$ 与 $y=x$ 围成，则 (X,Y) 的联合概率密度为 _____.

6. 设二维随机变量 (X,Y) 的联合分布律如下，则 $P\{XY=2\}=$ _____.

X \ Y	1	2	3
1	$\frac{1}{10}$	$\frac{2}{10}$	$\frac{2}{10}$
2	$\frac{3}{10}$	$\frac{1}{10}$	$\frac{1}{10}$

7. 已知随机变量 (X,Y) 的分布函数为 $F(x,y)=A\left(B+\arctan\dfrac{x}{2}\right)\left(C+\arctan\dfrac{y}{3}\right)$，试求 A,B,C 及 (X,Y) 的联合概率密度.

8. 设 A,B 为随机事件，且 $P(A)=\dfrac{1}{4}, P(B|A)=\dfrac{1}{3}, P(A|B)=\dfrac{1}{2}$. 令

$$X=\begin{cases}1, & A \text{ 发生},\\ 0, & A \text{ 不发生},\end{cases} \quad Y=\begin{cases}1, & B \text{ 发生},\\ 0, & B \text{ 不发生},\end{cases}$$

求二维随机变量 (X,Y) 的联合分布律.

9. 二维随机变量(X,Y)的联合分布律如下，且$P\{X+Y=1\}=0.4$，求：(1)常数a,b；(2)$P\{X\leq Y\}$和$P\{X+Y<1\}$.

Y \ X	-1	0	1
0	0.1	0.2	a
1	b	0.1	0.2

10. 已知随机变量(X,Y)的联合概率密度为
$$f(x,y)=\begin{cases}Ae^{-2x-y}, & x>0,\ y>0,\\ 0, & 其他,\end{cases}$$
求：(1)常数A；(2)联合分布函数$F(x,y)$；(3)$P\{X\leq Y\}$和$P\{X+Y\leq 1\}$.

11. 袋中有 1 个红球、2 个黑球与 3 个白球. 现有放回地从袋中取两次，每次取一个球. 以 X,Y,Z 分别表示两次取球所取得的红球、黑球与白球的个数. 求：

(1) $P\{X=1 \mid Z=0\}$；

(2) 二维随机变量 (X,Y) 的联合分布律.

12. 设随机变量 (X,Y) 在以点 $(0,1),(1,0),(1,1)$ 为顶点的三角形区域 D 上服从均匀分布，求 $P\{X<Y\}$.

3.2 边缘分布与随机变量的独立性

1. 设二维连续型随机变量 (X,Y) 的联合分布函数为

$$F(x,y) = \begin{cases} (1-e^{-3x})(1-e^{-5y}), & x \geq 0, y \geq 0 \\ 0, & \text{其他}, \end{cases}$$

则 (X,Y) 关于 Y 的边缘分布函数 $F_Y(y) = (\quad)$.

A. $\begin{cases} 1-e^{-5y}, & y \geq 0, \\ 0, & \text{其他} \end{cases}$ B. $\begin{cases} 1-e^{-3x}, & x \geq 0, \\ 0, & \text{其他} \end{cases}$

C. $\begin{cases} e^{-5y}, & y \geq 0, \\ 0, & \text{其他} \end{cases}$ D. $\begin{cases} e^{-3x}, & x \geq 0, \\ 0, & \text{其他} \end{cases}$

2. 设二维随机变量 (X,Y) 的联合分布律如下，则 (X,Y) 关于 X 的边缘分布律为 ( ).

X \ Y	1	2	3
1	$\frac{1}{6}$	$\frac{1}{8}$	$\frac{1}{4}$
2	$\frac{1}{12}$	$\frac{1}{8}$	$\frac{1}{4}$

A.

X	1	2	3
P	$\frac{1}{4}$	$\frac{1}{4}$	$\frac{1}{2}$

B.

Y	1	2	3
P	$\frac{1}{4}$	$\frac{1}{4}$	$\frac{1}{2}$

C.

X	1	2
P	$\frac{13}{24}$	$\frac{11}{24}$

D.

Y	1	2
P	$\frac{13}{24}$	$\frac{11}{24}$

3. 设二维随机变量 (X,Y) 的联合概率密度为 $f(x,y)$，则 (X,Y) 关于 X 的边缘概率密度 $f_X(x) = (\quad)$.

A. $\int_{-\infty}^{+\infty} f(x,y) \, dx$ B. $\int_{-\infty}^{+\infty} f(x,y) \, dy$

C. $\int_{-\infty}^{x} \int_{-\infty}^{+\infty} f(u,v) \, du dv$ D. $\int_{-\infty}^{y} \int_{-\infty}^{+\infty} f(u,v) \, du dv$

4. 设随机变量 X 和 Y 相互独立，其分布律如下.

X	-1	1
P	$\frac{1}{2}$	$\frac{1}{2}$

Y	-1	1
P	$\frac{1}{2}$	$\frac{1}{2}$

下列式子中正确的是( ).

A. $X = Y$ B. $P\{X = Y\} = 0$
C. $P\{X = Y\} = \dfrac{1}{2}$ D. $P\{X = Y\} = 1$

5. 设二维随机变量(X,Y)的联合分布律如下，且X与Y相互独立，则$a =$ ＿＿＿＿＿＿，$b =$ ＿＿＿＿＿＿．

X \ Y	0	1
0	0.1	0.1
1	a	b

6. 设随机变量(X,Y)关于X和关于Y的边缘概率密度分别为

$$f_X(x) = \begin{cases} 3x^2, & 0 \leq x \leq 1, \\ 0, & \text{其他}, \end{cases} \quad f_Y(y) = \begin{cases} 2y, & 0 \leq y \leq 1, \\ 0, & \text{其他}. \end{cases}$$

已知随机变量X和Y相互独立，则概率$P\{Y - X < 0\} =$ ＿＿＿＿＿＿．

7. 设随机变量X和Y相互独立，且X和Y的分布律如下，则$P\{X + Y = 2\} =$ ＿＿＿＿＿＿．

X	0	1	2	3
P	$\dfrac{1}{2}$	$\dfrac{1}{4}$	$\dfrac{1}{8}$	$\dfrac{1}{8}$

Y	-1	0	1
P	$\dfrac{1}{3}$	$\dfrac{1}{3}$	$\dfrac{1}{3}$

8. 已知随机变量X_1, X_2的分布律如下，且$P\{X_1 = 0, X_2 = 0\} = 0$．

X_1	-1	0	1
P	$\dfrac{1}{4}$	$\dfrac{1}{2}$	$\dfrac{1}{4}$

X_2	0	1
P	$\dfrac{1}{2}$	$\dfrac{1}{2}$

(1) 写出(X_1, X_2)的联合分布律．
(2) X_1, X_2是否相互独立？为什么？

9. 设二维随机变量(X,Y)的联合概率密度为$f(x,y)=\begin{cases}x+y, & 0\leq x,y\leq 1,\\ 0, & 其他,\end{cases}$判断$X$与$Y$是否相互独立.

10. 设二维随机变量(X,Y)的联合分布律如下.

X \ Y	1	2	3
0	0.2	0.1	0.1
1	0.3	0.2	0.1

求：(1) $P\{X+Y=2\}$；(2) (X,Y)的边缘分布律，并判断X与Y是否相互独立.

11. 设二维随机变量 (X,Y) 具有联合概率密度 $f(x,y)=\begin{cases}6, & x^2 \leq y \leq x, \\ 0, & \text{其他},\end{cases}$ 求边缘概率密度 $f_X(x)$ 和 $f_Y(y)$.

12. 设二维连续型随机变量 (X,Y) 在区域 D 上服从均匀分布,其中 $D=\{(x,y)\mid |x+y|\leq 1, |x-y|\leq 1\}$,求边缘概率密度 $f_X(x)$.

3.3 条件分布

1. 设二维连续型随机变量 (X,Y) 的联合概率密度为 $f(x,y)$，则 $P\left\{X<\dfrac{1}{2}\,\bigg|\,Y=\dfrac{1}{3}\right\}=$（　　）.

    A. $\dfrac{P\left\{X<\dfrac{1}{2},Y=\dfrac{1}{3}\right\}}{P\left\{Y=\dfrac{1}{3}\right\}}$

    B. $\int_{-\infty}^{\frac{1}{2}}f_{X|Y}\left(x\,\bigg|\,\dfrac{1}{3}\right)\mathrm{d}x$

    C. $\int_{-\infty}^{\frac{1}{2}}f(x,y)\mathrm{d}x$

    D. 不存在

2. 设二维随机变量 (X,Y) 服从二维正态分布，且 $\rho=0$，$f_X(x)$ 和 $f_Y(y)$ 分别表示 (X,Y) 关于 X 和关于 Y 的边缘概率密度，则在 $Y=y$ 的条件下，条件概率密度 $f_{X|Y}(x|y)$ 为（　　）.

    A. $f_X(x)$　　B. $f_Y(y)$　　C. $f_X(x)f_Y(y)$　　D. $\dfrac{f_X(x)}{f_Y(y)}$

3. 设条件概率密度 $f_{Y|X}(y|x)=\begin{cases}\dfrac{2y}{1-x^2}, & x\leqslant y\leqslant 1,\\ 0, & \text{其他},\end{cases}$ 则 $P\left\{Y<\dfrac{2}{3}\,\bigg|\,X=\dfrac{1}{2}\right\}=$ ＿＿＿＿.

4. 已知随机变量 $X\sim\begin{pmatrix}0 & 1\\ 0.5 & 0.5\end{pmatrix}$，$Y\sim\begin{pmatrix}0 & 1\\ 0.4 & 0.6\end{pmatrix}$，且 $P\{XY\neq 0\}=0.4$，求：

(1) 二维随机变量 (X,Y) 的联合分布律；

(2) 在 $Y=y(y=0,1)$ 的条件下，X 的条件分布律.

5. 设二维连续型随机变量 (X,Y) 在区域 D 上服从均匀分布，其中 $D=\{(x,y)\mid 0<x<1, |y|<x\}$，求 $f_{X\mid Y}(x\mid y)$，$f_{Y\mid X}(y\mid x)$.

6. 设 (X,Y) 是二维随机变量，其关于 X 的边缘概率密度为 $f_X(x)=\begin{cases}3x^2, & 0<x<1,\\ 0, & \text{其他},\end{cases}$ 在给定 $X=x(0<x<1)$ 的条件下，Y 的条件概率密度为 $f_{Y\mid X}(y\mid x)=\begin{cases}\dfrac{3y^2}{x^3}, & 0<y<x,\\ 0, & \text{其他},\end{cases}$ 求：

(1) (X,Y) 的联合概率密度 $f(x,y)$；

(2) Y 的边缘概率密度 $f_Y(y)$；

(3) $P\{X>2Y\}$.

3.4 二维随机变量函数的分布

1. 设随机变量 X,Y 独立同分布且 X 的分布函数为 $F(x)$，则 $Z=\min\{X,Y\}$ 的分布函数为（　　）.

   A. $F^2(z)$　　　　　　　　　　B. $F(x)F(y)$
   C. $1-[1-F(z)]^2$　　　　　　D. $[1-F(x)][1-F(y)]$

2. 设二维随机变量 (X,Y) 的联合概率密度为 $f(x,y)$，则 $Z=X+Y$ 的概率密度 $f_Z(z)$ 为（　　）.

   A. $\int_{-\infty}^{+\infty}|y|f(zy,y)\mathrm{d}y$　　　　B. $\int_{-\infty}^{+\infty}f_X(z-y)f_Y(y)\mathrm{d}y$
   C. $\int_{-\infty}^{+\infty}f_X(x)f_Y(z-x)\mathrm{d}x$　　D. $\int_{-\infty}^{+\infty}f(z-y,y)\mathrm{d}y$

3. 设随机变量 $X \sim N(10,15)$, $Y \sim N(10,10)$，且 X 与 Y 相互独立，则 $X-Y$ 服从（　　）.

   A. $N(0,5)$　　B. $N(0,25)$　　C. $N(20,5)$　　D. $N(10,25)$

4. 设二维随机变量 (X,Y) 的联合分布律如下，则 $Z=X+Y$ 的分布律为_____.

Y\X	0	1
0	$\frac{2}{9}$	$\frac{1}{9}$
1	$\frac{1}{9}$	$\frac{5}{9}$

5. 设随机变量 X 和 Y 相互独立且均服从 $N(\mu,0.5)$，若 $P\{X+Y\leq 1\}=0.5$，则 $\mu=$_____.

6. 设相互独立的随机变量 X_i 的分布函数为 $F_i(x)$，概率密度为 $f_i(x)$，$i=1,2$，则随机变量 $Y=\max\{X_1,X_2\}$ 的概率密度为_____.

7. 设二维随机变量 (X,Y) 的联合分布律如下.

Y\X	-1	0	1
0	0.1	0.2	0.3
1	0.1	0.1	0.2

求以下随机变量的分布律:

(1) $Z=X+Y$;

(2) $Z=\max\{X,Y\}$;

(3) $Z=\min\{X,Y\}$.

8. 设随机变量 X,Y 相互独立，且概率密度分别为

$$f_X(x)=\begin{cases}\dfrac{1}{2}e^{-\frac{1}{2}x}, & x\geq 0,\\ 0, & x<0,\end{cases} \quad f_Y(y)=\begin{cases}\dfrac{1}{3}e^{-\frac{1}{3}y}, & y\geq 0,\\ 0, & y<0.\end{cases}$$

求 $Z=X+Y$ 的概率密度.

9. 设随机变量 X,Y 相互独立，且都服从 $[0,a]$ 上的均匀分布，求随机变量 $Z=\dfrac{X}{Y}$ 的概率密度.

10. 设二维随机变量 (X,Y) 的概率密度为 $f(x,y)=\begin{cases} xe^{-y}, & 0<x<y, \\ 0, & \text{其他}, \end{cases}$ 求随机变量 $Z=X+Y$ 的概率密度.

11. 设二维随机变量 (X,Y) 的概率密度为 $f(x,y)=\begin{cases} 3x, & 0<y<x<1, \\ 0, & \text{其他}, \end{cases}$ 求随机变量 $Z=X-Y$ 的概率密度.

12. 设二维随机变量 (X,Y) 在区域 $G=\{(x,y)\mid 1\leqslant x\leqslant 3, 1\leqslant y\leqslant 3\}$ 上服从均匀分布，试求随机变量 $U=|X-Y|$ 的概率密度.

13. 设随机变量 X_1, X_2, X_3, X_4 相互独立且同分布，$P\{X_i=0\}=0.6, P\{X_i=1\}=0.4, i=1,2,3,4$. 求行列式 $X=\begin{vmatrix} X_1 & X_2 \\ X_3 & X_4 \end{vmatrix}$ 的概率分布.

14. 设随机变量 X 与 Y 相互独立，$X\sim\begin{pmatrix} 1 & 2 \\ 0.3 & 0.7 \end{pmatrix}$，$Y$ 的概率密度为 $f(y)$，求随机变量 $U=X+Y$ 的概率密度 $g(u)$.

第3章测验题

一、选择题

1. 设二维随机变量(X,Y)的联合分布律如下，则条件概率$P\{X=3 \mid Y=2\} = (\quad)$.

Y \ X	1	2	3
1	0.12	0.10	0.28
2	0.18	0	0.12
3	0	0.15	0.05

A. $\dfrac{2}{5}$ B. $\dfrac{4}{5}$ C. $\dfrac{1}{5}$ D. $\dfrac{3}{5}$

2. 设二维连续型随机变量(X,Y)的联合概率密度为$f(x,y)$，则$P\{X \leq 1\} = (\quad)$.

A. $\int_1^{+\infty} dx \int_{-\infty}^{+\infty} f(x,y) dy$
B. $\int_{-\infty}^1 dx \int_{-\infty}^{+\infty} f(x,y) dy$
C. $\int_{-\infty}^{+\infty} dx \int_{-\infty}^1 f(x,y) dy$
D. $\int_1^{+\infty} dx \int_1^{+\infty} f(x,y) dy$

3. 设随机变量X_1, X_2, X_3独立同分布且$X_i (i=1,2,3)$的分布函数为$F(x)$，则$Z = \max\{X_1, X_2, X_3\}$的分布函数为$(\quad)$.

A. $F^3(z)$
B. $1-[1-F(z)]^3$
C. $F(x)F(y)F(z)$
D. $[1-F(x)][1-F(y)][1-F(z)]$

4. 设二维随机变量(X,Y)的联合分布律如下.

X \ Y	0	1
0	0.4	a
1	b	0.1

已知随机事件$\{X=0\}$与$\{X+Y=1\}$相互独立，则$(\quad)$.

A. $a=0.2, b=0.3$ B. $a=0.4, b=0.1$
C. $a=0.3, b=0.2$ D. $a=0.1, b=0.4$

5. 设随机变量$X \sim B\left(1, \dfrac{1}{4}\right)$与$Y \sim B\left(1, \dfrac{1}{6}\right)$相互独立，且$X \sim N\left(0, \dfrac{1}{2}\right), Y \sim N\left(1, \dfrac{1}{2}\right)$，则与随机变量$Z=Y-X$同分布的随机变量是$(\quad)$.

A. $X-Y$ B. $X+Y$ C. $X-2Y$ D. $Y-2X$

二、填空题

1. 设二维随机变量(X,Y)的联合分布律如下，则$F(1,2) = $ _____.

X \ Y	1	2	3
0	0.20	0.10	0.15
1	0.30	0.15	0.10

2. 已知 X 和 Y 为两个随机变量，并且 $P\{X\geqslant 0, Y\geqslant 0\}=\dfrac{3}{7}$，$P\{X\geqslant 0\}=P\{Y\geqslant 0\}=\dfrac{4}{7}$，则 $P\{\max(X,Y)\geqslant 0\}=$ _____.

3. 设二维随机变量 (X,Y) 的联合概率密度为

$$f(x,y)=\begin{cases}2-x-y, & 0<x<1, 0<y<1\\ 0, & \text{其他,}\end{cases}$$

则 $P\{X>2Y\}=$ _____.

4. 设相互独立的两个随机变量 X,Y 具有同一分布律，且 X 的分布律如下，则随机变量 $Z=\max\{X,Y\}$ 的分布律为 _____.

X	0	1
P	$\dfrac{1}{2}$	$\dfrac{1}{2}$

5. 设 $(X,Y)\sim N(0,0;\sigma^2,\sigma^2;0)$，则 $P\{X<2Y\}=$ _____.

三、解答题

1. 设二维随机变量 (X,Y) 的分布律如下，求：(1) (X,Y) 关于 X 和关于 Y 的边缘分布律；(2) $Z=XY$ 的分布律.

X \ Y	1	2	3
0	0.1	0.1	0.3
1	0.25	0	0.25

2. 设二维随机变量(X,Y)的联合概率密度为
$$f(x,y)=\begin{cases}e^{-y}, & 0<x<y,\\ 0, & \text{其他},\end{cases}$$
求：(1)边缘概率密度$f_X(x)$；(2)概率$P\{X+Y\leqslant 1\}$.

3. 设随机变量X,Y相互独立，X服从指数分布$E(1)$，Y的分布律为$P\{Y=0\}=0.5$，$P\{Y=1\}=0.5$，求$P\{X+Y\leqslant 1\}$.

4. 设二维随机变量(X,Y)的联合概率密度为$f(x,y)=\begin{cases} e^{-x}, & 0<y<x, \\ 0, & \text{其他}. \end{cases}$求：

(1) 条件概率密度$f_{Y|X}(y|x)$；

(2) 条件概率$P\{X\leq 1 | Y\leq 1\}$.

5. 设二维随机变量(X,Y)的联合分布律如下，求二维随机变量(X,Y)的函数Z的分布律：
(1) $Z=X+Y$；(2) $Z=XY$.

X \ Y	-1	0	1	2
-1	0.2	0.15	0.1	0.3
2	0.1	0	0.1	0.05

6. 已知二维随机变量(X,Y)的联合概率密度为
$$f(x,y)=\begin{cases}4xy, & 0\leqslant x\leqslant 1, 0\leqslant y\leqslant 1,\\ 0, & 其他,\end{cases}$$
求 X 和 Y 的联合分布函数 $F(x,y)$.

7. 设二维随机变量(X,Y)在区域 D 上服从均匀分布，其中$D=\{(x,y)\mid |y|<x, 0<x<1\}$，求 $P\left\{X>\dfrac{1}{2}\mid Y>0\right\}$.

8. 设随机变量 X,Y 相互独立，且分别服从正态分布 $N(0,1)$ 和均匀分布 $U(0,1)$，试求 $Z=X+Y$ 的概率密度[结果用 $\Phi(x)$ 表示].

9. 设随机变量 X,Y 相互独立，且概率密度分别为
$$f_X(x)=\begin{cases}1, & 0\leqslant x\leqslant 1,\\ 0, & 其他,\end{cases} \quad f_Y(y)=\begin{cases}e^{-y}, & y>0,\\ 0, & y\leqslant 0,\end{cases}$$
求 $Z=2X+Y$ 的概率密度.

第 4 章

数字特征与极限定理

重点：数学期望、方差、协方差、相关系数、常见分布的数字特征、大数定律、中心极限定理．

难点：数学期望、中心极限定理．

知识结构

本章重点内容介绍

4.1 数学期望

1. 已知随机变量 X 的分布律如下，则 $E(X)=(\quad)$．

X	-2	1	5
P	$\dfrac{1}{4}$	k	$\dfrac{1}{4}$

A. 1.25 B. 2.25 C. 2.5 D. 4.5

2. 设随机变量 X 的概率密度为 $f(x)=\begin{cases}1+x, & -1\leqslant x\leqslant 0, \\ 1-x, & 0<x\leqslant 1, \\ 0, & \text{其他,}\end{cases}$ 则数学期望 $E(X)=(\quad)$．

A. 0 B. 1 C. $\dfrac{1}{2}$ D. $\dfrac{1}{6}$

3. 设二维连续型随机变量 (X,Y) 的概率密度为 $f(x,y)$，则 $E(X)=(\quad)$．

A. $\int_{-\infty}^{+\infty}\int_{-\infty}^{+\infty}yf(x,y)\mathrm{d}x\mathrm{d}y$
B. $\int_{-\infty}^{+\infty}\int_{-\infty}^{+\infty}xf(x,y)\mathrm{d}x\mathrm{d}y$
C. $\int_{-\infty}^{+\infty}\int_{-\infty}^{+\infty}xyf(x,y)\mathrm{d}x\mathrm{d}y$
D. $\int_{-\infty}^{+\infty}\int_{-\infty}^{+\infty}f(x,y)\mathrm{d}x\mathrm{d}y$

4. 设随机变量 X 的概率密度为

$$f(x) = \begin{cases} 2x, & 0 \leq x \leq 1, \\ 0, & 其他, \end{cases}$$

则 $E(|X|) = $ _____.

5. 设二维随机变量 (X,Y) 的联合分布律如下，则 $E(X) = $ _____.

X \ Y	-1	0	1
0	0.1	0.3	0.2
1	0.2	0.1	0.1

6. 设随机变量 $X_{ij}(i,j=1,2,\cdots,n;n \geq 2)$ 独立同分布，$E(X_{ij}) = 2$，则行列式

$$Y = \begin{vmatrix} X_{11} & X_{12} & \cdots & X_{1n} \\ X_{21} & X_{22} & \cdots & X_{2n} \\ \vdots & \vdots & & \vdots \\ X_{n1} & X_{n2} & \cdots & X_{nn} \end{vmatrix}$$

的数学期望 $E(Y) = $ _____.

7. 设在某一规定的时间段里，其电气设备用于最大负荷的时间(以 min 计)是一个连续型随机变量 X，其概率密度为 $f(x) = \begin{cases} \dfrac{1}{(1\,500)^2}x, & 0 \leq x \leq 1\,500, \\ -\dfrac{1}{(1\,500)^2}(x-3\,000), & 1\,500 < x \leq 3\,000, \\ 0, & 其他, \end{cases}$ 求 $E(X)$.

8. 设随机变量 X 的分布律如下，求：(1) $Y=2X+1$ 的数学期望；(2) $Z=X^2$ 的数学期望.

X	-2	-1	0	1	2	3
P	0.1	0.2	0.25	0.2	0.15	0.1

9. 设随机变量 $X \sim E(1)$，求：(1) $Y=2X$ 的数学期望；(2) $Z=\mathrm{e}^{-2X}$ 的数学期望.

10. 设二维离散型随机变量 (X,Y) 的联合分布律如下，求 $Z=X^2+Y$ 的数学期望.

X \ Y	-1	2
1	$\frac{1}{8}$	$\frac{1}{4}$
2	$\frac{1}{2}$	$\frac{1}{8}$

4.2 方差

1. 设 X 为随机变量，且 $E(X)=-1, D(X)=3$，则 $E(2X^2-3)=(\quad)$.
   A. 1　　　　　B. 2　　　　　C. 3　　　　　D. 5

2. 设随机变量 $X \sim N(3,2^2)$，随机变量 $Y \sim P(3)$，且 X 与 Y 相互独立，则 $D(X+Y)=(\quad)$.
   A. 3　　　　　B. 4　　　　　C. 5　　　　　D. 7

3. 已知随机变量 X 服从二项分布，且 $E(X)=2.4, D(X)=1.44$，则二项分布的参数 n,p 的值为 (　　).
   A. $n=4, p=0.6$　　B. $n=6, p=0.4$　　C. $n=8, p=0.3$　　D. $n=24, p=0.1$

4. 设随机变量 X 的分布律如下，则 $D(2X+3)=$ ＿＿＿＿＿＿.

X	-1	0	1	2
P	0.1	0.2	0.3	0.4

5. 设随机变量 X 的概率密度为 $f(x)=\dfrac{1}{2}\mathrm{e}^{-|x|}, -\infty<x<+\infty$，则 $D(X)=$ ＿＿＿＿＿＿.

6. 设一次试验成功的概率为 p，进行 100 次独立重复试验，当 $p=$ ＿＿＿＿＿＿ 时，成功次数的标准差的值最大.

7. 设随机变量 X 的分布律如下，求 $E(X), D(X)$.

X	-2	-1	0	1	2
P	$\dfrac{1}{5}$	$\dfrac{1}{6}$	$\dfrac{1}{5}$	$\dfrac{1}{15}$	$\dfrac{11}{30}$

8. 设随机变量 X 的概率密度为 $f(x) = \begin{cases} \dfrac{5x^4}{2}, & -1 \leq x \leq 1, \\ 0, & \text{其他}, \end{cases}$ 求 $D(X)$.

9. 设二维随机变量 (X,Y) 在以点 $(0,1), (1,0), (1,1)$ 为顶点的三角形区域上服从均匀分布,试求随机变量 $Z = X+Y$ 的期望与方差.

4.3 协方差与相关系数

1. 设 (X,Y) 为二维随机变量，则与 $\text{cov}(X,Y)=0$ 不等价的是( ).
   A. X 与 Y 相互独立
   B. $D(X-Y)=D(X)+D(Y)$
   C. $E(XY)=E(X)E(Y)$
   D. $D(X+Y)=D(X)+D(Y)$

2. 设随机变量 X 和 Y 独立同分布，记 $U=X-Y, V=X+Y$，则随机变量 U 与 V 必然( ).
   A. 不独立 B. 独立 C. 相关系数不为零 D. 相关系数为零

3. 设随机变量 $X\sim N(0,1)$，在 $X=x$ 条件下，随机变量 $Y\sim N(x,1)$，则 X 与 Y 的相关系数为( ).
   A. $\dfrac{1}{4}$ B. $\dfrac{1}{2}$ C. $\dfrac{\sqrt{3}}{3}$ D. $\dfrac{\sqrt{2}}{2}$

4. 已知随机变量 $X\sim N(0,4)$，随机变量 $Y\sim B\left(3,\dfrac{1}{3}\right)$，且 X,Y 不相关，则 $D(X-3Y+1)=$ _____.

5. 设二维随机变量 (X,Y) 的联合分布律如下，则协方差 $\text{cov}(X,Y)=$ _____.

X \ Y	0	1
0	$\dfrac{1}{3}$	$\dfrac{1}{3}$
1	$\dfrac{1}{3}$	0

6. 设随机变量 X,Y 的期望和方差分别为 $E(X)=0.5, E(Y)=-0.5, D(X)=D(Y)=0.75$，且 $E(XY)=0$，则 X,Y 的相关系数 $\rho_{XY}=$ _____.

7. 箱中装有 6 个球，其中红球、白球、黑球的个数分别为 1、2、3，现从箱中随机取出 2 个球，记 X 为取出的红球个数，Y 为取出的白球个数. 求：
   (1) 二维随机变量 (X,Y) 的联合分布律；
   (2) $\text{cov}(X,Y)$.

8. 设二维随机变量(X,Y)在以点$(0,1),(1,0),(1,1)$为顶点的三角形区域D上服从均匀分布，求：(1)$P\{X<Y\}$；(2)$\text{cov}(X,Y)$.

9. 设X,Y为随机变量，且$E(X)=E(Y)=1,D(X)=D(Y)=2,\rho_{XY}=0.25$，令$U=X+2Y,V=X-2Y$，求$\rho_{UV}$.

4.4 大数定律与中心极限定理

1. 设 X 为随机变量，且 $E(X)=0.1, D(X)=0.01$，则由切比雪夫不等式可得（　　）．
   A. $P\{|X-0.1|\geqslant 1\}\leqslant 0.01$ B. $P\{|X-0.1|\geqslant 1\}\geqslant 0.99$
   C. $P\{|X-0.1|<1\}\leqslant 0.99$ D. $P\{|X-0.1|<1\}\leqslant 0.01$

2. 设 $X_i(i=1,2,\cdots,n)$ 为独立同分布的随机变量序列，且均服从参数为 $\lambda(\lambda>0)$ 的指数分布，记 $\Phi(x)$ 为标准正态分布函数，则（　　）．

   A. $\lim\limits_{n\to\infty}P\left\{\dfrac{\sum\limits_{i=1}^{n}X_i-n\lambda}{\lambda\sqrt{n}}\leqslant x\right\}=\Phi(x)$ B. $\lim\limits_{n\to\infty}P\left\{\dfrac{\sum\limits_{i=1}^{n}X_i-n\lambda}{\sqrt{n\lambda}}\leqslant x\right\}=\Phi(x)$

   C. $\lim\limits_{n\to\infty}P\left\{\dfrac{\lambda\sum\limits_{i=1}^{n}X_i-n}{\sqrt{n}}\leqslant x\right\}=\Phi(x)$ D. $\lim\limits_{n\to\infty}P\left\{\dfrac{\sum\limits_{i=1}^{n}X_i-\lambda}{\sqrt{n}\lambda}\leqslant x\right\}=\Phi(x)$

3. 设随机变量 $X_1,X_2,\cdots,X_n$ 独立同分布，且 $X_i\sim P(2)$，$i=1,2,\cdots,n$，则 $Y_n=\dfrac{1}{n}\sum\limits_{i=1}^{n}X_i$ 在 $n\to\infty$ 时，依概率收敛于_____．

4. 设 $X_1,X_2,\cdots,X_n$ 为独立同分布的随机变量序列，且 $X_i(i=1,2,\cdots,n)$ 服从参数为 $\dfrac{1}{2}$ 的指数分布，则由中心极限定理知，当 n 充分大时，$Z_n=\dfrac{1}{n}\sum\limits_{i=1}^{n}X_i$ 近似服从_____．

5. 某保险公司多年的资料表明，在索赔户中，被盗索赔户占 20%，以 X 表示在随机抽查的 100 个索赔户中因被盗而向保险公司索赔的户数，利用中心极限定理求 $P\{14\leqslant X\leqslant 30\}$．

6. 检查员逐个地检查某种产品，每次花 10s 检查一个，但有的产品需要重复检查一次再用去 10s，假设每个产品需要重复检查的概率为 $\dfrac{1}{2}$，试求在 8h 内检查的产品数多于 1 900 个的概率 $[\Phi(1.38)=0.916]$.

第 4 章测验题

一、选择题

1. 设随机变量 X 和 Y 相互独立，且 $X \sim B(10,0.3)$，$Y \sim B(10,0.4)$，则 $E(2X-Y)^2 = ($ 　 $)$.
   A. 12.6　　　　B. 14.8　　　　C. 15.2　　　　D. 18.9

2. 设随机变量 $X \sim N(\mu,\sigma^2)$，Y 服从参数为 $\lambda(\lambda>0)$ 的指数分布，则下列结论中不正确的是（　）.

   A. $E(X+Y)=\mu+\dfrac{1}{\lambda}$　　　　　　B. $D(X+Y)=\sigma^2+\dfrac{1}{\lambda^2}$

   C. $E(X)=\mu, E(Y)=\dfrac{1}{\lambda}$　　　　　D. $D(X)=\sigma^2, D(Y)=\dfrac{1}{\lambda^2}$

3. 设随机变量 $X \sim U(0,3)$，随机变量 Y 服从参数为 2 的泊松分布，且 X 与 Y 的协方差为 -1，则 $D(2X-Y+1)=($ 　 $)$.
   A. 1　　　　B. 5　　　　C. 9　　　　D. 12

4. 设随机变量 $X_1, X_2, \cdots, X_n$ 独立同分布，且 $X_i(i=1,2,3,4)$ 的 4 阶矩存在. 设 $\mu_k = E(X_i^k)$ $(k=1,2,3,4)$，则由切比雪夫不等式，对 $\forall \varepsilon > 0$，有 $P\left\{\left|\dfrac{1}{n}\sum_{i=1}^{n} X_i^2 - \mu_2\right| \geqslant \varepsilon\right\} \leqslant ($ 　 $)$.

   A. $\dfrac{\mu_4-\mu_2^2}{n\varepsilon^2}$　　　　B. $\dfrac{\mu_4-\mu_2^2}{\sqrt{n}\,\varepsilon^2}$　　　　C. $\dfrac{\mu_2-\mu_1^2}{n\varepsilon^2}$　　　　D. $\dfrac{\mu_2-\mu_1^2}{\sqrt{n}\,\varepsilon^2}$

5. 设随机变量 $X_1, X_2, \cdots, X_n$ 独立同分布且 $X_i(i=1,2,\cdots,n)$ 的概率密度为
$$f(x)=\begin{cases}1-|x|, & |x|<1,\\ 0, & \text{其他},\end{cases}$$
则当 $n\to\infty$ 时，$\dfrac{1}{n}\sum_{i=1}^{n} X_i^2$ 依概率收敛于（　）.

   A. $\dfrac{1}{8}$　　　　B. $\dfrac{1}{6}$　　　　C. $\dfrac{1}{3}$　　　　D. $\dfrac{1}{2}$

二、填空题

1. 设随机变量 X 服从参数为 1 的泊松分布，则 $P\{X=E(X^2)\}=$ ＿＿＿＿.
2. 设二维随机变量 (X,Y) 服从 $N(\mu,\mu;\sigma^2,\sigma^2;0)$，则 $E(XY^2)=$ ＿＿＿＿.
3. 设 $E(X)=2, E(Y)=1, D(X)=25, D(Y)=36, \rho_{XY}=0.4$，则 $E[(2X-3Y+4)^2]=$ ＿＿＿＿.
4. 设随机变量 X 服从标准正态分布 $N(0,1)$，则 $E(Xe^{2X})=$ ＿＿＿＿.
5. 若抛掷 n 次硬币，出现正面的次数为 X，出现反面的次数为 Y，则 X 和 Y 的相关系数 $\rho_{XY}=$ ＿＿＿＿.

三、解答题

1. 设随机变量 X 的概率密度为
$$f(x) = \begin{cases} \dfrac{1}{\pi\sqrt{1-x^2}}, & |x|<1, \\ 0, & \text{其他}, \end{cases}$$
求 $E(X), D(X)$.

2. 设随机变量 X_1, X_2 的概率密度分别为
$$f_1(x) = \begin{cases} 2e^{-2x}, & x>0, \\ 0, & x\leq 0, \end{cases} \quad f_2(x) = \begin{cases} 4e^{-4x}, & x>0, \\ 0, & x\leq 0. \end{cases}$$
(1) 求 $E(X_1+X_2)$ 和 $E(2X_1-3X_2^2)$.
(2) 设 X_1, X_2 相互独立，求 $E(X_1 X_2)$.

3. 假设随机变量 U 在区间 $[-2,2]$ 上服从均匀分布，随机变量

$$X=\begin{cases}-1, & 若\ U\leqslant-1,\\ 1, & 若\ U>-1,\end{cases} Y=\begin{cases}-1, & 若\ U\leqslant 1,\\ 1, & 若\ U>1.\end{cases}$$

求：(1) X 和 Y 的联合概率分布；(2) $D(X+Y)$.

4. 设随机变量 X 与 Y 的分布律相同，X 的分布律为 $P\{X=0\}=\dfrac{1}{3}$, $P\{X=1\}=\dfrac{2}{3}$，且 X 与 Y 的相关系数 $\rho_{XY}=\dfrac{1}{2}$，求：

(1) 二维随机变量 (X,Y) 的联合分布律；

(2) 概率 $P\{X+Y\leqslant 1\}$.

5. 某商店出售某种贵重商品. 根据经验, 该商品每周的销售量服从参数为 $\lambda=1$ 的泊松分布, 假定各周的销售量是相互独立的, 用中心极限定理计算该商店一年内(52周)售出该商品的件数在 50~70 件之间的概率[用 $\Phi(x)$ 表示].

第 5 章
统计量及其分布

重点：总体、样本、样本均值、样本方差、样本矩、统计量、常用的抽样分布、分位数.

难点：统计量、常用的抽样分布.

知识结构

本章重点内容介绍

5.1 总体、样本及统计量

1. 在一本书上随机地检查 10 页，发现各页上的错误数分别为 4,5,6,0,3,1,4,2,1,4，则样本均值和样本方差分别为(   ).

　　A. $\bar{X}=3, S^2=\dfrac{34}{10}$　　　　　　　　B. $\bar{X}=3, S^2=\sqrt{\dfrac{34}{9}}$

　　C. $\bar{X}=1, S^2=\dfrac{34}{9}$　　　　　　　　D. $\bar{X}=3, S^2=\dfrac{34}{9}$

2. 设 $X_1, X_2, \cdots, X_n$ 为来自正态总体 $N(\mu, \sigma^2)$ 的简单随机样本，$\bar{X}$ 为样本均值，则 $\text{cov}(X_1, X_2) =$ (   ).

　　A. -1　　　　　B. 0　　　　　C. 1　　　　　D. n

3. 设总体 $X \sim E(2)$，$X_1, X_2, \cdots, X_n$ 为其简单随机样本，则 $X_1 \sim$ ＿＿＿＿＿＿＿.

4. 设总体 $X \sim U[a, b]$，$X_1, X_2, \cdots, X_n$ 为来自 X 的简单随机样本，则 $E(\bar{X}) =$ ＿＿＿＿＿＿，$D(\bar{X}) =$ ＿＿＿＿＿＿，$E(S^2) =$ ＿＿＿＿＿＿.

5. 设 $X_1, X_2, \cdots, X_n$ 为来自正态总体 $N(\mu, \sigma^2)$ 的简单随机样本，其中 μ 和 σ^2 都是未知参数.
(1) 求样本的样本均值和联合概率密度.
(2) 下列随机变量中哪些不是统计量？

$$T_1 = \frac{1}{n-1}\sum_{i=1}^{n} X_i, T_2 = X_n - E(X_1), T_3 = 2X_2 + X_3,$$

$$T_4 = \max(X_1, X_2, \cdots, X_n), T_5 = \frac{X_1 - \mu}{\sigma}, T_6 = \sum_{i=1}^{n} \left(\frac{X_i}{\sigma}\right)^2.$$

6. 设 $X_1, X_2, \cdots, X_n$ 是来自泊松分布 $P(\lambda)$ 的简单随机样本，$\overline{X}, S^2$ 分别为样本均值和样本方差，求 $E(\overline{X}), D(\overline{X}), E(S^2)$.

7. 设总体 $X \sim B(1, p)$，$X_1, X_2, \cdots, X_n$ 为来自 X 的简单随机样本，求 $P\left\{\overline{X} = \dfrac{k}{n}\right\}$，$k = 1, 2, \cdots, n.$

5.2 抽样分布

1. 下列关于上侧 α 分位数的表述正确的是( ).
   A. $u_{1-\alpha}=1-u_\alpha$
   B. $\chi^2_{1-\alpha}(n)=-\chi^2_\alpha(n)$
   C. $t_{1-\alpha}=-t_\alpha$
   D. $F_{1-\alpha}(m,n)=\dfrac{1}{F_\alpha(m,n)}$

2. 设 $X_1,X_2,\cdots,X_n$ 是来自正态总体 $N(\mu,1)$ 的简单随机样本，$\overline{X},S^2$ 分别为样本均值与样本方差，则下列结论正确的是( ).
   A. $\overline{X}\sim N(0,1)$
   B. $(n-1)S^2\sim\chi^2(n-1)$
   C. $\sum_{i=1}^n(X_i-\mu)^2\sim\chi^2(n-1)$
   D. $\dfrac{\overline{X}}{S/\sqrt{n-1}}\sim t(n-1)$

3. 设随机变量 $X\sim t(n),n>1,Y=\dfrac{1}{X^2}$，则 Y 服从( ).
   A. $\chi^2(n)$
   B. $\chi^2(n-1)$
   C. $F(n,1)$
   D. $F(1,n)$

4. 设总体 $X\sim N(1,36)$，则容量为 6 的简单随机样本的样本均值 $\overline{X}\sim$ _____.

5. 设 $X\sim\chi^2(15)$，且 $P\{X\leqslant x\}=0.95$，则 $x=$ _____.

6. 设 X_1,X_2,X_3,X_4 是来自正态总体 $N(0,2^2)$ 的简单随机样本，若 $Y=\dfrac{(X_1-2X_2)^2}{a}+\dfrac{(3X_3-4X_4)^2}{b}$，则当 $a=$ _____，$b=$ _____时，统计量 $Y\sim\chi^2(2)$.

7. 设简单随机样本 $X_1,X_2,\cdots,X_5$ 来自正态总体 $N(0,1)$，求常数 C，使统计量 $Y=\dfrac{C(X_1+X_2)}{\sqrt{X_3^2+X_4^2+X_5^2}}$ 服从 t 分布.

8. 设总体 X 服从正态分布 $N(12,1)$, X_1, X_2, X_3, X_4 是来自总体 X 的样本，求样本均值与总体均值之差的绝对值大于 1 的概率.

9. 在总体 $N(10,4)$ 中随机抽取容量为 5 的样本 X_1, X_2, X_3, X_4, X_5，求：
(1) $P\{|\bar{X}-10|>2\}$；
(2) $P\{\max(X_1, X_2, X_3, X_4, X_5)>12\}$；
(3) $P\{\min(X_1, X_2, X_3, X_4, X_5)>8\}$.

第 5 章测验题

一、选择题

1. 设随机变量 X 和 Y 都服从标准正态分布，则( ).

   A. $X+Y$ 服从正态分布 B. X^2+Y^2 服从 χ^2 分布

   C. X^2 和 Y^2 都服从 χ^2 分布 D. $\dfrac{X^2}{Y^2}$ 服从 F 分布

2. 设 $X \sim N(1,2^2)$，$X_1,X_2,\cdots,X_n$ 为 X 的简单随机样本，则( ).

   A. $\dfrac{\overline{X}-1}{2} \sim N(0,1)$ B. $\dfrac{\overline{X}-1}{4} \sim N(0,1)$

   C. $\dfrac{\overline{X}-1}{2\sqrt{n}} \sim N(0,1)$ D. $\dfrac{\overline{X}-1}{\sqrt{2}} \sim N(0,1)$

3. 设 X_1,X_2,X_3,X_4 为来自总体 $X \sim N(1,\sigma^2)$ 的简单随机样本，则统计量 $\dfrac{X_1-X_2}{|X_3+X_4-2|}$ 服从的分布为( ).

   A. $N(0,1)$ B. $t(1)$ C. $\chi^2(1)$ D. $F(1,1)$

4. 设 $X_1,X_2,\cdots,X_n$ 为来自总体 $N(0,\sigma^2)$ 的简单随机样本，$\overline{X}$ 为样本均值，记 $Y=X_1-\overline{X}$，则 $D(Y)$ 的值为( ).

   A. σ^2 B. $2\sigma^2$ C. $\dfrac{(n-1)\sigma^2}{n}$ D. $\dfrac{\sigma^2}{n}$

5. 设 $X_1,X_2,\cdots,X_n(n\geq 2)$ 为来自总体 $N(0,1)$ 的简单随机样本，$\overline{X}$ 为样本均值，S^2 为样本方差，则( ).

   A. $n\overline{X} \sim N(0,1)$ B. $nS^2 \sim \chi^2(n)$

   C. $\dfrac{(n-1)\overline{X}}{S} \sim t(n-1)$ D. $\dfrac{(n-1)X_1^2}{\sum\limits_{i=2}^{n}X_i^2} \sim F(1,n-1)$

二、填空题

1. 已知总体 X 服从正态分布 $N(\mu,\sigma^2)$，$X_1,X_2,\cdots,X_n$ 是来自总体 X 的简单随机样本，$\overline{X}=\dfrac{1}{n}\sum\limits_{i=1}^{n}X_i$，$S^2=\dfrac{1}{n-1}\sum\limits_{i=1}^{n}(X_i-\overline{X})^2$，则 $E(\overline{X}S^2)=$ _____.

2. 设总体 X 服从正态分布 $N(\mu_1,\sigma^2)$，总体 Y 服从正态分布 $N(\mu_2,\sigma^2)$，$X_1,X_2,\cdots,X_{n_1}$ 和 $Y_1,Y_2,\cdots,Y_{n_2}$ 分别是来自总体 X 和 Y 的简单随机样本，则 $E\left[\dfrac{\sum\limits_{i=1}^{n_1}(X_i-\overline{X})^2+\sum\limits_{j=1}^{n_2}(Y_j-\overline{Y})^2}{n_1+n_2-2}\right]=$ _____.

3. 设随机变量 X,Y_1,Y_2,Y_3,Y_4 相互独立，且 $X \sim N(2,1)$，$Y_i \sim N(0,4)$，$i=1,2,3,4$，则 $Z=$

$$\frac{4(X-2)}{\sqrt{\sum_{i=1}^{4} Y_i^2}} \sim \underline{\qquad}.$$

4. 设总体 $X \sim N(0, 0.2^2)$,$X_1, X_2, \cdots, X_8$ 为其简单随机样本,若 $P\{\sum_{i=1}^{8} X_i^2 < a\} = 0.95$,则 $a = \underline{\qquad}$.

5. 设总体 $X \sim N(\mu, 2^2)$,$X_1, X_2, \cdots, X_n$ 为来自总体 X 的简单随机样本,$\bar{X}$ 为样本均值,要使 $E(\bar{X}-\mu)^2 \leq 0.1$ 成立,则样本容量 n 至少应为 _____.

三、解答题

1. 设从正态总体 $N(\mu, \sigma^2)$ 中抽取一容量为 16 的简单随机样本,S^2 为样本方差,求 $D\left(\dfrac{S^2}{\sigma^2}\right)$.

2. 设某厂生产的灯泡的使用寿命 $X \sim N(1\,000, \sigma^2)$（单位：h），现抽取一容量为 9 的简单随机样本，测得 $\bar{x} = 940, s = 100$，试求 $P\{\bar{X} \leqslant 938\}$.

3. 已知二维随机变量 (X, Y) 的概率密度为
$$f(x, y) = \frac{1}{12\pi} e^{-\frac{1}{72}(9x^2 + 4y^2 - 8y + 4)},$$
问：$\dfrac{9X^2}{4(Y-1)^2}$ 服从什么分布？

4. 设 $X_1, X_2, \cdots, X_9$ 是来自正态总体 X 的简单随机样本，$Y_1 = \dfrac{1}{6}(X_1 + X_2 + \cdots + X_6)$，$Y_2 = \dfrac{1}{3}(X_7 + X_8 + X_9)$，$S^2 = \dfrac{1}{2} \sum\limits_{i=7}^{9} (X_i - Y_2)^2$，$Z = \dfrac{\sqrt{2}(Y_1 - Y_2)}{S}$，证明：统计量 Z 服从自由度为 2 的 t 分布．

5. 设总体 X 服从正态分布 $N(\mu, \sigma^2)(\sigma > 0)$，从该总体中抽取简单随机样本 $X_1, X_2, \cdots, X_{2n}(n \geqslant 2)$，样本均值为 $\bar{X} = \dfrac{1}{2n} \sum\limits_{i=1}^{2n} X_i$，求统计量 $Y = \sum\limits_{i=1}^{n} (X_i + X_{n+i} - 2\bar{X})^2$ 的数学期望 $E(Y)$．

第 6 章

参数估计

重点：参数估计、点估计、矩估计、最大似然估计、点估计的评价标准、正态总体参数的区间估计.

难点：矩估计、最大似然估计.

6.1 点估计

1. 设总体 $X \sim U(0,\theta)$，$\theta>0$ 且为未知参数，$X_1,X_2,\cdots,X_n$ 为样本，则 θ 的矩估计量为(　　).

　A. $\dfrac{\overline{X}}{2}$　　　　B. $\overline{X}$　　　　C. $2\overline{X}$　　　　D. $3\overline{X}$

2. 设 $X_1,X_2,\cdots,X_n$ 是来自总体 $N(\mu,1)$ 的简单随机样本，则 $P\{X<0\}$ 的最大似然估计量(值)是(　　).

　A. $\overline{X}$　　　　B. $\Phi(\overline{X})$　　　　C. $1-\Phi(\overline{X})$　　　　D. 0.5

3. 设 $X_1,X_2,\cdots,X_n$ 是来自总体 $N(0,\sigma^2)$ 的简单随机样本，则下列为 σ^2 的无偏估计量的是(　　).

　A. $\sum\limits_{i=1}^{n} X_i^2$　　B. $\dfrac{1}{n}\sum\limits_{i=1}^{n}(X_i-\overline{X})^2$　　C. $\dfrac{1}{n-1}\sum\limits_{i=1}^{n} X_i^2$　　D. $\dfrac{1}{n}\sum\limits_{i=1}^{n} X_i^2$

4. 设总体 $X \sim B(m,p)$，其中 $0<p<1$ 且为未知参数. $X_1,X_2,\cdots,X_n$ 是来自总体 X 的简单随机样本，则 p 的矩估计量为_____.

5. 设总体 X 服从指数分布，其概率密度为

$$f(x)=\begin{cases}\theta\mathrm{e}^{-\theta x}, & x>0,\\ 0, & x\leqslant 0,\end{cases}$$

其中 $\theta>0$ 且是未知参数. $X_1,X_2,\cdots,X_n$ 是来自总体 X 的简单随机样本，则参数 θ 的最大似然估计量为_____.

6. 设 X_1, X_2, X_3 为总体 X 的简单随机样本，$T = \dfrac{1}{2}X_1 + \dfrac{1}{6}X_2 + kX_3$，已知 T 是 $E(X)$ 的无偏估计量，则 $k = $ _____.

7. 设总体 X 的分布律如下.

X	0	1	2	3
P	θ^2	$2\theta(1-\theta)$	θ^2	$1-2\theta$

其中，$\theta\left(0<\theta<\dfrac{1}{2}\right)$ 为未知参数. $X_1, X_2, \cdots, X_8$ 是来自 X 的简单随机样本，$3, 1, 0, 3, 3, 1, 2, 3$ 是对应的样本值，求参数 θ 的最大似然估计值.

8. 设总体 X 的概率密度为
$$f(x)=\begin{cases}\theta x^{\theta-1}, & 0<x<1,\\ 0, & \text{其他},\end{cases}$$
其中 $\theta>0$ 且是未知参数. $X_1,X_2,\cdots,X_n$ 是来自总体 X 的简单随机样本,求参数 θ 的矩估计量和最大似然估计量.

9. 设总体 X 的概率密度为
$$f(x)=\frac{1}{2\sigma}e^{-\frac{|x|}{\sigma}},\quad -\infty<x<+\infty,$$
其中 $\sigma\in(0,+\infty)$ 且为未知参数. $X_1,X_2,\cdots,X_n$ 为来自总体 X 的简单随机样本. 求 σ 的最大似然估计量 $\hat{\sigma}$,并判断 $\hat{\sigma}$ 是否为 σ 的无偏估计量.

10. 设 $X_1, X_2, \cdots, X_n$ 是来自均值为 θ 的指数分布总体 X 的简单随机样本，$Y_1, Y_2, \cdots, Y_m$ 是来自均值为 2θ 的指数分布总体 Y 的简单随机样本，两个样本相互独立，其中 $\theta(\theta>0)$ 为未知参数. 利用样本 $X_1, X_2, \cdots, X_n$ 和 $Y_1, Y_2, \cdots, Y_m$，求：

(1) θ 的最大似然估计量 $\hat{\theta}$；

(2) $D(\hat{\theta})$.

6.2 区间估计

1. 对于区间估计，当样本容量固定时，下面说法正确的是(　　).
   A. 置信度越大，对参数取值范围估计越准确
   B. 置信度越大，置信区间越长
   C. 置信度越大，置信区间越短
   D. 置信度大小与置信区间的长度无关

2. 设 $X_1,X_2,\cdots,X_n$ 为正态总体 $N(\mu,4)$ 的简单随机样本，$\bar{X}$ 表示样本均值，则 μ 的置信度为 $1-\alpha$ 的置信区间为(　　).
   A. $\left(\bar{X}-u_{\frac{\alpha}{2}}\dfrac{4}{\sqrt{n}},\bar{X}+u_{\frac{\alpha}{2}}\dfrac{4}{\sqrt{n}}\right)$
   B. $\left(\bar{X}-u_{1-\frac{\alpha}{2}}\dfrac{2}{\sqrt{n}},\bar{X}+u_{\frac{\alpha}{2}}\dfrac{2}{\sqrt{n}}\right)$
   C. $\left(\bar{X}-u_{\alpha}\dfrac{2}{\sqrt{n}},\bar{X}+u_{\alpha}\dfrac{2}{\sqrt{n}}\right)$
   D. $\left(\bar{X}-u_{\frac{\alpha}{2}}\dfrac{2}{\sqrt{n}},\bar{X}+u_{\frac{\alpha}{2}}\dfrac{2}{\sqrt{n}}\right)$

3. 设总体 $X \sim N(\mu,\sigma^2)$，$X_1,X_2,\cdots,X_n$ 为其简单随机样本，当 μ 为未知参数时，σ^2 的置信度为 $1-\alpha$ 的置信区间为(　　).
   A. $\left(\dfrac{\sum\limits_{i=1}^{n}(X_i-\mu)^2}{\chi_{\frac{\alpha}{2}}^2(n)},\dfrac{\sum\limits_{i=1}^{n}(X_i-\mu)^2}{\chi_{1-\frac{\alpha}{2}}^2(n)}\right)$
   B. $\left(\dfrac{\sum\limits_{i=1}^{n}(X_i-\bar{X})^2}{\chi_{\frac{\alpha}{2}}^2(n-1)},\dfrac{\sum\limits_{i=1}^{n}(X_i-\bar{X})^2}{\chi_{1-\frac{\alpha}{2}}^2(n-1)}\right)$
   C. $\left(\dfrac{(n-1)S^2}{\chi_{\alpha}^2(n-1)},\dfrac{(n-1)S^2}{\chi_{1-\alpha}^2(n-1)}\right)$
   D. $\left(\dfrac{(n-1)S^2}{\chi_{\frac{\alpha}{2}}^2(n)},\dfrac{(n-1)S^2}{\chi_{1-\frac{\alpha}{2}}^2(n)}\right)$

4. 设总体 $X \sim N(\mu,16)$，μ 未知，$X_1,X_2,\cdots,X_{16}$ 为来自该总体的简单随机样本，$\bar{X}$ 为样本均值，u_α 为标准正态分布的上侧 α 分位数. 当 μ 的置信区间是 $[\bar{X}-u_{0.05},\bar{X}+u_{0.05}]$ 时，对应的置信度为_____.

5. 设总体 $X \sim N(\mu,\sigma^2)$，μ,σ^2 均未知，选取样本容量为 n 的简单随机样本，样本方差为 S^2，求 σ^2 的置信度为 $1-\alpha$ 的置信区间时，选取的枢轴量为_____.

6. 设有来自总体 $N(\mu,0.9^2)$ 的容量为 9 的简单随机样本，样本均值为 $\bar{x}=5$，则 μ 的置信度为 0.95 的置信区间是_____.

7. 设某机器生产的零件长度(单位：cm) $X \sim N(\mu,\sigma^2)$，现抽取容量为 16 的样本，测得样本均值 $\bar{x}=10$，样本方差 $s^2=0.16$. 试分别求 μ 和 σ^2 的置信度为 0.95 的置信区间.

8. 某厂生产的零件的质量 X 服从正态分布 $N(\mu,\sigma^2)$. 现从该厂生产的零件中抽取 9 个，测得其质量(单位：g)为

$$45.3, 45.4, 45.1, 45.3, 45.5, 45.7, 45.4, 45.3, 45.6.$$

试求总体标准差 σ 的置信度为 0.95 的置信区间.

9. 为检测某种肥料对提高水稻产量的影响，在条件相同的地域中选定相同面积的小试验田若干块. 试验结果表明，施加该种肥料的 8 块试验田的产量(单位：kg)分别为

$$12.6, 10.2, 11.7, 12.3, 11.1, 10.5, 10.6, 12.2;$$

另外 10 块未施肥的试验田的产量(单位：kg)分别为

$$8.6, 7.9, 9.3, 10.7, 11.2, 11.4, 9.8, 9.5, 10.1, 8.5.$$

假设两总体(施加该种肥料的试验田的产量和未施肥的试验田的产量)都服从正态分布，且方差相等，试以 95% 的可靠性估计施加该种肥料后水稻产量的增量.

第6章测验题

一、选择题

1. 设总体 X 的概率分布为 $P\{X=k\}=\dfrac{1}{N}, k=1,2,\cdots,N$，其中 N 是未知参数（正整数），1,3,2,3,2,N-1,2,N 为来自总体 X 的简单随机样本的样本值，则 N 的矩估计值为（　　）.

   A. $\dfrac{3}{2}+\dfrac{N}{4}$　　　　B. $\dfrac{N+1}{2}$　　　　C. 4　　　　D. 8

2. 设总体 $X\sim N(\mu_0,\sigma^2)$，其中 μ_0 已知，$X_1,X_2,\cdots,X_n$ 为 X 的容量为 n 的简单随机样本，则 σ^2 的最大似然估计量是（　　）.

   A. $\dfrac{1}{n-1}\sum\limits_{i=1}^{n}(X_i-\mu_0)^2$　　　　B. $\dfrac{1}{n}\sum\limits_{i=1}^{n}(X_i-\mu_0)^2$

   C. $\dfrac{1}{n-1}\sum\limits_{i=1}^{n}(X_i-\bar{X})^2$　　　　D. $\dfrac{1}{n}\sum\limits_{i=1}^{n}(X_i-\bar{X})^2$

3. 设 $X\sim N(\mu,\sigma^2)$，X_1,X_2,X_3,X_4 为 X 的简单随机样本，下列各项为 μ 的无偏估计量，其中最有效的估计量为（　　）.

   A. $X_1+2X_2+2X_3-4X_4$　　　　B. $\dfrac{1}{4}\sum\limits_{i=1}^{4}X_i$

   C. $0.5X_1+0.5X_4$　　　　D. $0.1X_1+0.5X_2+0.4X_3$

4. 若 μ 的置信度为 $1-\alpha$ 的置信区间为 $\left[\bar{X}-\dfrac{S}{\sqrt{n}}t_{\frac{\alpha}{2}},\bar{X}+\dfrac{S}{\sqrt{n}}t_{\frac{\alpha}{2}}\right]$，则（　　）.

   A. 该区间是随机的　　　　B. 该区间是唯一的

   C. 该区间长度是 $1-\alpha$　　　　D. 该区间长度是 $\dfrac{S}{\sqrt{n}}t_{\frac{\alpha}{2}}$

5. 设 $(X_1,Y_1),(X_2,Y_2),\cdots,(X_n,Y_n)$ 为来自总体 $N(\mu_1,\mu_2;\sigma_1^2,\sigma_2^2;\rho)$ 的简单随机样本，令 $\theta=\mu_1-\mu_2$，$\bar{X}=\dfrac{1}{n}\sum\limits_{i=1}^{n}X_i$，$\bar{Y}=\dfrac{1}{n}\sum\limits_{i=1}^{n}Y_i$，$\hat{\theta}=\bar{X}-\bar{Y}$，则（　　）.

   A. $\hat{\theta}$ 是 θ 的无偏估计量，$D(\hat{\theta})=\dfrac{\sigma_1^2+\sigma_2^2}{n}$

   B. $\hat{\theta}$ 不是 θ 的无偏估计量，$D(\hat{\theta})=\dfrac{\sigma_1^2+\sigma_2^2}{n}$

   C. $\hat{\theta}$ 是 θ 的无偏估计量，$D(\hat{\theta})=\dfrac{\sigma_1^2+\sigma_2^2-2\rho\sigma_1\sigma_2}{n}$

   D. $\hat{\theta}$ 不是 θ 的无偏估计量，$D(\hat{\theta})=\dfrac{\sigma_1^2+\sigma_2^2-2\rho\sigma_1\sigma_2}{n}$

二、填空题

1. 设 $X_1, X_2, \cdots, X_n$ 是来自总体 $N(\mu, \sigma^2)$ 的简单随机样本，μ, σ^2 均未知，则 σ^2 的矩估计量为 _____.

2. 设总体 X 的分布律为
$$P\{X=1\} = \theta^2, P\{X=2\} = 2\theta(1-\theta), P\{X=3\} = (1-\theta)^2,$$
其中 $0<\theta<1$. 现观测结果为 $\{1,2,2,1,2,3\}$，则 θ 的最大似然估计值 $\hat{\theta}=$ _____.

3. 设总体 $X \sim P(\lambda)$，$X_1, X_2, \cdots, X_n$ 是来自总体 X 的简单随机样本，已知参数 λ 的最大似然估计量为 $\hat{\lambda} = \bar{X}$，则 $p = P\{X=0\}$ 的最大似然估计量为 _____.

4. 设 $X_1, X_2, \cdots, X_n$ 为来自总体 $X \sim N(\mu_1, \sigma_1^2)$ 的简单随机样本，$\bar{X}, S_1^2$ 分别是样本均值和样本方差；$Y_1, Y_2, \cdots, Y_n$ 是来自总体 $Y \sim N(\mu_2, \sigma_2^2)$ 的简单随机样本，$\bar{Y}, S_2^2$ 分别是样本均值和样本方差. 两个样本 $X_1, X_2, \cdots, X_n$ 和 $Y_1, Y_2, \cdots, Y_n$ 相互独立. 为估计 $\dfrac{\sigma_1^2}{\sigma_2^2}$，选用的枢轴量为 _____.

5. 设 $X_1, X_2, \cdots, X_n$ 是正态总体 $N(\mu, \sigma^2)$ 的一个样本，σ^2 是已知参数，μ 是未知参数，记 $\bar{X} = \dfrac{1}{n}\sum_{i=1}^{n} X_i$，$\Phi(x)$ 表示标准正态分布的分布函数，$\Phi(1.96) = 0.9750$，$\Phi(1.28) = 0.8997$，则 μ 的置信度为 0.95 的置信区间为 _____.

三、解答题

1. 设总体 X 的概率密度为
$$f(x) = \begin{cases} \dfrac{2}{\theta \sqrt{2\pi}} e^{-\frac{x^2}{2\theta^2}}, & x>0, \\ 0, & x \leq 0, \end{cases}$$
其中 $\theta>0$ 且为未知参数. $X_1, X_2, \cdots, X_n$ 是来自总体 X 的简单随机样本. 求 θ 的矩估计量和最大似然估计量.

2. 已知总体 X 的概率密度为

$$f(x)=\begin{cases}\dfrac{x}{\theta}e^{-\frac{x^2}{2\theta}}, & x>0, \\ 0, & x\leqslant 0\end{cases} \quad (\theta>0 \text{ 且为未知参数}),$$

$X_1,X_2,\cdots,X_n$ 为总体 X 的简单随机样本，求 θ 的最大似然估计量，并讨论该估计量是否为 θ 的无偏估计量.

3. 设总体 X 的概率密度为

$$f(x)=\begin{cases}\dfrac{A}{\sigma}e^{-\frac{(x-\mu)^2}{2\sigma^2}}, & x\geqslant\mu, \\ 0, & x<\mu,\end{cases}$$

其中 μ 是已知参数，$\sigma>0$ 且是未知参数，A 是常数．$X_1,X_2,\cdots,X_n$ 是来自总体 X 的简单随机样本．求：(1) A；(2) σ^2 的最大似然估计量.

4. 设某种产品的寿命 X 服从指数分布，其概率密度为

$$f(x)=\begin{cases}\dfrac{1}{\theta}e^{-\frac{x}{\theta}}, & x>0,\\ 0, & x\leqslant 0,\end{cases}$$

其中 θ 为未知参数. X_1, X_2, X_3, X_4 是来自总体 X 的简单随机样本，设有 θ 的估计量

$$\hat{\theta}_1 = \frac{1}{6}(X_1+X_2)+\frac{1}{3}(X_3+X_4),$$

$$\hat{\theta}_2 = \frac{1}{5}(X_1+2X_2+3X_3+4X_4),$$

$$\hat{\theta}_3 = \frac{1}{4}(X_1+X_2+X_3+X_4),$$

请问哪一个最优？

5. 某车间生产滚轴，从长期实践中知道，滚轴直径 X 服从正态分布. 现从某天生产的产品中随机抽取 6 个，测得它们的直径(单位：mm)如下：

$$3.46, 3.51, 3.49, 3.48, 3.52, 3.51.$$

试以 95% 的置信水平估计该天产品的平均直径的范围.

第 7 章 假设检验

重点： 假设检验、两类错误、正态总体参数的假设检验.

难点： 正态总体参数的假设检验.

知识结构

本章重点内容介绍

7.1 假设检验的基本概念

1. 假设检验中，犯第一类错误的概率记为 α，犯第二类错误的概率记为 β，下列说法中错误的是（　　）.

A. $\alpha+\beta=1$
B. $\alpha=P\{拒绝\ H_0\mid H_0\ 为真\}$
C. α 即为检验水平
D. $\beta=P\{拒绝\ H_0\mid H_0\ 不真\}$

2. 在假设检验问题中，犯第一类错误的概率 α 的意义是（　　）.

A. 在 H_0 不成立的条件下，经检验 H_0 被拒绝的概率
B. 在 H_0 不成立的条件下，经检验 H_0 被接受的概率
C. 在 H_0 成立的条件下，经检验 H_0 被拒绝的概率
D. 在 H_0 成立的条件下，经检验 H_0 被接受的概率

3. 设显著性水平为 α，记 H_0，H_1 分别为原假设和备择假设，则 $P\{接受\ H_0\mid H_1\ 不真\}=$ _____.

4. 设总体 X 服从正态分布 $N(\mu,1)$，$X_1,X_2,\cdots,X_9$ 是该总体的简单随机样本，对于假设 $H_0:\mu=2,H_1:\mu>2$，已知拒绝域是 $\{\bar{X}>2.6\}$，则犯第一类错误的概率为 _____.

5. 设 $X_1, X_2, \cdots, X_{16}$ 是来自总体 $N(\mu, 4)$ 的简单随机样本，考虑假设检验问题 $H_0: \mu \leq 10$，$H_1: \mu > 10$，若该假设检验问题的拒绝域为 $W = \{\overline{X} \geq 11\}$，则当 $\mu = 11.5$ 时，犯第二类错误的概率为多少？

7.2 正态总体参数的假设检验

1. 某厂生产的某种型号的电池,其寿命 $X \sim N(\mu, \sigma^2)$,现随机抽取 n 个电池,测出电池寿命的样本均值为 $\bar{x}$,样本方差为 s^2,要检验该厂生产的电池的平均寿命是否为 μ_0,提出假设 $H_0: \mu = \mu_0, H_1: \mu \neq \mu_0$,选用的检验统计量及其分布为(　　).

A. $\dfrac{\bar{X} - \mu_0}{\sigma/\sqrt{n}} \sim N(0,1)$　　　　　　B. $\dfrac{\bar{X} - \mu_0}{S/\sqrt{n}} \sim N(0,1)$

C. $\dfrac{\bar{X} - \mu_0}{\sigma/\sqrt{n}} \sim t(n)$　　　　　　D. $\dfrac{\bar{X} - \mu_0}{S/\sqrt{n}} \sim t(n-1)$

2. 甲、乙两位化验员,对一种矿砂的含铁量各自独立地用同一方法做了 5 次分析,得到样本方差分别为 s_1^2 和 s_2^2. 若甲、乙两人测定值的总体都服从正态分布,要在显著性水平 $\alpha = 0.05$ 下检验两人测定值的方差有无显著差异,则检验的拒绝域为(　　).

A. $\left\{ F_{\frac{\alpha}{2}}(n_1-1, n_2-1) \leqslant \dfrac{S_1^2}{S_2^2} \leqslant F_{1-\frac{\alpha}{2}}(n_1-1, n_2-1) \right\}$

B. $\left\{ F_{1-\frac{\alpha}{2}}(n_1-1, n_2-1) \leqslant \dfrac{S_1^2}{S_2^2} \leqslant F_{\frac{\alpha}{2}}(n_1-1, n_2-1) \right\}$

C. $\left\{ \dfrac{S_1^2}{S_2^2} \leqslant F_{1-\frac{\alpha}{2}}(n_1-1, n_2-1) \cup \dfrac{S_1^2}{S_2^2} \geqslant F_{\frac{\alpha}{2}}(n_1-1, n_2-1) \right\}$

D. $\left\{ \dfrac{S_1^2}{S_2^2} \leqslant F_{\frac{\alpha}{2}}(n_1-1, n_2-1) \cup \dfrac{S_1^2}{S_2^2} \geqslant F_{1-\frac{\alpha}{2}}(n_1-1, n_2-1) \right\}$

3. 用 p 值检验法进行假设检验,若显著性水平 $\alpha = 0.05$,则(　　)时,拒绝 H_0.

A. $p = 0.12$　　　B. $p = 0.25$　　　C. $p = 0.08$　　　D. $p = 0.01$

4. 某厂生产一种电子元件,已知该电子元件的寿命服从正态分布,且寿命的方差不超过 64h 的产品为合格品. 现从一批此种电子元件中随机抽取容量为 n 的样本,以检验这批电子元件寿命的方差是否不超过 64h,应选用的统计量是_____.

5. 某产品以往的废品率不高于 5%,现从一批产品中抽取一样本,用来检验这批产品的废品率是否高于 5%. 提出假设 $H_0: \mu \leqslant 0.05, H_1: \mu > 0.05$,在显著性水平 α 下,检验的拒绝域为_____.

6. 设 $X_1, \cdots, X_n$ 是来自正态总体 $N(\mu, \sigma^2)$ 的简单随机样本,其中 σ^2 已知,检验假设 $H_0: \mu = \mu_0, H_1: \mu \neq \mu_0$,应选取的统计量及其拒绝域分别是_____.

7. 设某种零件的电阻服从正态分布，平均电阻一直保持在 2.64Ω，改变加工工艺后，测得 100 个零件的平均电阻为 2.62Ω，假设改变工艺前后电阻的标准差均保持在 0.06Ω，问：新工艺对此零件的电阻有无显著影响（$\alpha=0.05$）？

8. 设某厂生产的某种细纱支数服从正态分布，其标准差为 1.2，现从某日生产的一批产品中随机抽 16 缕进行支数测量，测得样本标准差为 2.1，问：该种细纱支数的精度是否有变化？

9. 某企业向化验机构送去 A,B 两种产品，以检验钙含量是否相同．化验机构从 A,B 两种产品中各随机抽取质量相同的 8 份进行化验，测得钙的平均含量分别为 20.4mg 和 19.4mg．假设 A,B 两种产品中钙含量均服从正态分布且方差相同，取 $\alpha=0.05$，问：A,B 两种产品的钙含量是否有显著差异？

第7章测验题

一、选择题

1. 对于显著性水平 α，检验假设 $H_0:\mu=\mu_0, H_1:\mu\neq\mu_0$，当 μ_0,μ,α 一定时，若增大样本容量 n，则犯第二类错误的概率 β( ).

  A. 不变   B. 减小   C. 增大   D. 无法确定

2. 假设某种产品的质量服从正态分布，现在从一批产品中随机抽取 16 件，测得平均质量为 820g，标准差为 60g，若以显著性水平 $\alpha=0.01$ 与 $\alpha=0.05$，分别检验这批产品的平均质量是否为 800g，即 $H_0:\mu_0=800, H_1:\mu_0\neq 800$，则( ).

  A. 在两个显著性水平下都拒绝原假设

  B. 在两个显著性水平下都接受原假设

  C. 在 $\alpha=0.01$ 下接受原假设，在 $\alpha=0.05$ 下拒绝原假设

  D. 在 $\alpha=0.01$ 下拒绝原假设，在 $\alpha=0.05$ 下接受原假设

3. 设总体 $X\sim N(\mu,\sigma^2)$，现对 μ 进行假设检验，若在显著性水平 $\alpha=0.05$ 下接受了 $H_0:\mu=\mu_0$，则在显著性水平 $\alpha=0.01$ 下，( ).

  A. 接受 H_0 B. 拒绝 H_0

  C. 可能接受也可能拒绝 H_0 D. 犯第一类错误的概率变大

二、填空题

1. 微波炉在炉门关闭时的辐射量是一个重要的质量指标. 某厂生产的微波炉，该指标服从正态分布，长期以来其均值都符合要求(不超过 0.12 单位). 为检验该厂近期生产的微波炉是否仍合格，提出的原假设和备择假设分别是_____.

2. 对期末考试后甲、乙两系学生的某科成绩进行抽样分析，分别从甲、乙两系抽取 20 位和 25 位学生的成绩，算得平均成绩分别为 69.5 分和 63 分. 假定甲、乙两系的学生成绩服从标准差分别为 $2\sqrt{3}$ 分和 $2\sqrt{2}$ 分的正态分布，欲检验甲系学生的平均成绩是否显著高于乙系学生的平均成绩 ($\alpha=0.05$)，应选用的统计量为_____.

3. 设总体 X 服从正态分布 $N(\mu,1)$，X_1,X_2,X_3,X_4 是该总体的简单随机样本，对于假设 $H_0:\mu=0, H_1:\mu=1$，已知拒绝域是 $\{\bar{X}>0.98\}$，则犯第二类错误的概率为_____.

三、解答题

1. 某材料的抗拉强度 X 服从正态分布，且 $\mu_0=70, \sigma_0=2.5$，改变工艺后，从用新工艺加工的材料中抽取 9 个样品，测得其抗拉强度的平均值为 $\bar{x}=72$，若方差无变化，问：采用新工艺后，材料的抗拉强度是否比以往有所提高 ($\alpha=0.05$)？

2. 某公司从生产商进购牛奶，想检验牛奶中是否掺水. 通过测定牛奶的冰点，可以检验牛奶是否掺水. 天然牛奶的冰点温度近似服从正态分布，均值 $\mu_0 = -0.545$℃，牛奶掺水可使冰点温度升高. 现已测得生产商提交的 5 批牛奶的冰点温度，算得样本均值为 $\bar{x} = -0.535$℃，样本标准差 $s = 0.01$℃. 问：是否可以认为生产商在牛奶中掺了水（$\alpha = 0.05$）？

3. 设某厂生产的维尼纶的纤度 $X \sim N(\mu, \sigma^2)$，μ 未知. 某日抽取 5 根纤维，测得纤度分别为 1.32, 1.55, 1.36, 1.40, 1.44. 若规定加工精度 σ^2 不能超过 0.048^2，问：在显著性水平 $\alpha = 0.05$ 下，该厂这天生产的维尼纶，其纤度的方差是否正常？

概率论与数理统计
期末模拟试卷（一）

一、选择题（每小题 4 分，共 20 分）

1. 一批产品共有 10 个正品和 2 个次品，任意抽取两次，每次抽取一个，抽取后不放回，则第二次抽取的是次品的概率为（　　）.

   A. $\dfrac{1}{5}$　　B. $\dfrac{1}{11}$　　C. $\dfrac{1}{6}$　　D. $\dfrac{1}{12}$

2. 已知随机变量 X 的概率密度为 $f_X(x)$，则 $Y=3-2X$ 的概率密度 $f_Y(y)$ 为（　　）.

   A. $-\dfrac{1}{2}f_X\left(\dfrac{y+3}{2}\right)$　　B. $\dfrac{1}{2}f_X\left(-\dfrac{y-3}{2}\right)$　　C. $-\dfrac{1}{2}f_X\left(-\dfrac{y-3}{2}\right)$　　D. $\dfrac{1}{2}f_X\left(-\dfrac{y+3}{2}\right)$

3. 设 X_1,X_2,X_3 是随机变量，且 $X_1\sim N(0,1),X_2\sim N(0,2^2),X_3\sim N(5,3^2)$，$p_i=P\{-2\leqslant X_i\leqslant 2\}$ $(i=1,2,3)$，则（　　）.

   A. $p_1>p_2>p_3$　　B. $p_2>p_1>p_3$　　C. $p_3>p_1>p_2$　　D. $p_1>p_3>p_2$

4. 对于二维连续型随机变量 (X,Y)，随机变量 X 与 Y 相互独立的充分必要条件是（　　）.

   A. $f(x,y)=f_X(x)\cdot f_Y(y)$ 且 $F(x,y)\neq F_X(x)\cdot F_Y(y)$
   B. $f(x,y)\neq f_X(x)\cdot f_Y(y)$ 且 $F(x,y)=F_X(x)\cdot F_Y(y)$
   C. $f(x,y)=f_X(x)\cdot f_Y(y)$ 或 $F(x,y)=F_X(x)\cdot F_Y(y)$
   D. $E(XY)=E(X)\cdot E(Y)$

5. 设相互独立的随机变量序列 $X_1,X_2,\cdots,X_n$ 服从相同的概率分布，且 $E(X_i)=\mu$，$D(X_i)=\sigma^2$，记 $\overline{X}_n=\dfrac{1}{n}\sum\limits_{i=1}^{n}X_i$，$\Phi(x)$ 为标准正态分布函数，则 $\lim\limits_{n\to\infty}P\left\{|\overline{X}_n-\mu|\leqslant\dfrac{\sigma}{\sqrt{n}}\right\}=$（　　）.

   A. $\Phi(1)$　　B. $1-\Phi(1)$　　C. $2\Phi(1)-1$　　D. $2\Phi(1)$

二、填空题（每小题 4 分，共 20 分）

1. 设 A,B,C 为 3 个随机事件，A 与 B 互不相容，A 与 C 互不相容，B 与 C 相互独立，且 $P(A)=P(B)=P(C)=\dfrac{1}{3}$，则 $P[(B\cup C)\mid(A\cup B\cup C)]=$ ＿＿＿＿＿＿.

2. 已知随机变量 X 的分布律如下，若其分布函数为 $F(x)$，则 $F(1)=$ ＿＿＿＿＿＿.

X	-2	0	1	2
P	0.1	0.3	0.4	0.2

3. 设二维随机变量 (X,Y) 在以 $(-1,0),(0,1),(1,0)$ 为顶点的三角形区域上服从均匀分布，则 $Z=X+Y$ 的概率密度 $f_Z(z)=$ _____.

4. 假设总体 X 服从参数为 λ 的泊松分布，$X_1,X_2,\cdots,X_n$ 是来自总体 X 的简单随机样本，样本均值为 $\bar{X}$，样本方差为 $S^2=\dfrac{1}{n-1}\sum_{i=1}^{n}(X_i-\bar{X})^2$. 已知 $\hat{\lambda}=a\bar{X}+(2-3a)S^2$ 为 λ 的无偏估计量，则 $a=$ _____.

5. 设 $X\sim N(0,2^2)$，X_1,X_2,X_3,X_4 为其简单随机样本，$Y=C[(X_1-X_2)^2+(X_3+X_4)^2]$，则 $C=$ _____ 时，$Y\sim \chi^2(2)$.

三、解答题（每小题 10 分，共 60 分）

1. 设某人从外地赶来参加紧急会议. 他乘火车、轮船、汽车或飞机来的概率分别是 $\dfrac{3}{10},\dfrac{1}{5}$, $\dfrac{1}{10},\dfrac{2}{5}$，如果他乘飞机来，不会迟到；而乘火车、轮船或汽车来迟到的概率分别为 $\dfrac{1}{4},\dfrac{1}{3},\dfrac{1}{12}$.

(1) 试求他迟到的概率.

(2) 若他迟到，试推断他采用何种交通方式来的可能性最大.

2. 设随机变量 X 的概率密度为

$$f(x) = \begin{cases} \dfrac{3}{2}x^2, & -1 \leqslant x \leqslant 1, \\ 0, & \text{其他}, \end{cases}$$

试求：$E(X), D(X), P\{|X-E(X)| < 2D(X)\}$.

3. 甲、乙两个盒子中各有 2 个红球和 2 个白球，先从甲盒中任取一球，观察颜色后放入乙盒，再从乙盒中任取一球，设 X, Y 分别表示从甲盒和乙盒中取到的红球的个数，求：
(1) (X,Y) 的联合分布律；
(2) X 与 Y 的相关系数.

4. 设二维随机变量(X,Y)的联合概率密度为
$$f(x,y)=\begin{cases}1, & 0<x<1,0<y<2x,\\ 0, & \text{其他}.\end{cases}$$
求：(1)边缘概率密度$f_X(x)$；(2)条件概率密度$f_{Y|X}(y|x)$；(3)$P\{X>Y\}$.

5. 设总体X的分布函数为
$$F(x)=\begin{cases}1-x^{-\theta}, & x>1,\\ 0, & x\leq 1,\end{cases}$$
其中未知参数$\theta>1$. $X_1,X_2,\cdots,X_n$为来自总体X的简单随机样本，求：(1)θ的矩估计量；(2)θ的最大似然估计量.

6. 已知某车辆厂生产的螺杆的直径服从正态分布$N(\mu,\sigma^2)$，现抽取5个，测得直径(单位：mm)为
$$22.3, 21.5, 22.0, 21.8, 21.4.$$
如果σ^2未知，问：在显著性水平$\alpha=0.05$下，直径均值$\mu=21$是否成立[已知$t_{0.025}(4)=2.7764$，$t_{0.025}(5)=2.5706$，$\mu_{0.025}=1.96$，$\mu_{0.05}=1.645$.]？

概率论与数理统计
期末模拟试卷（二）

一、选择题（每小题 4 分，共 20 分）

1. 设 A,B,C 相互独立，且 $0<P(C)<1$，则下列 4 对事件中不相互独立的是（　　）．

   A. $\overline{A+B}$ 与 C　　B. $\overline{AC}$ 与 C　　C. $\overline{A-B}$ 与 C　　D. $\overline{AB}$ 与 C

2. 设随机变量 $X \sim N(\mu,\sigma^2)(\sigma>0)$，记 $p=P\{X\leqslant\mu+\sigma^2\}$，则（　　）．

   A. p 随 μ 的增加而增加　　　　B. p 随 σ 的增加而增加

   C. p 随 μ 的增加而减少　　　　D. p 随 σ 的增加而减少

3. 已知随机变量 X 的分布律如下，则 $P\{X<E(X)\}=$（　　）．

X	-1	0	5
P	0.5	0.3	0.2

   A. 0.8　　B. 0.7　　C. 0.5　　D. 1

4. 设随机变量 X_1,X_2,X_3 独立同分布，且随机变量 $X_i(i=1,2,3)$ 的分布函数为 $F(x)$，则 $Z=\min\{X_1,X_2,X_3\}$ 的分布函数为（　　）．

   A. $F^3(z)$　　　　　　　　　　　B. $1-[1-F(z)]^3$

   C. $F(x)F(y)F(z)$　　　　　　　D. $[1-F(x)][1-F(y)][1-F(z)]$

5. 设 X_1,X_2,X_3 为来自正态总体 $N(0,\sigma^2)$ 的简单随机样本，则统计量 $S=\dfrac{X_2+X_3}{\sqrt{2}\,|X_1|}$ 服从的分布是（　　）．

   A. $F(1,1)$　　B. $F(2,1)$　　C. $t(1)$　　D. $t(2)$

二、填空题（每小题 4 分，共 20 分）

1. 设 $P(A)=0.8, P(B)=0.4, P(B|A)=0.25$，则 $P(A|B)=$ ＿＿＿＿＿．

2. 设在 3 次独立重复试验中，事件 A 出现的概率都相等，若已知事件 A 至少出现一次的概率为 $\dfrac{19}{27}$，则事件 A 在一次试验中出现的概率为 ＿＿＿＿＿．

3. 已知随机变量 X 和 Y 的相关系数为 0.9，若 $U=2X-1, V=3Y+2$，则 U 与 V 的相关系数为 ＿＿＿＿＿．

4. 设二维随机变量 (X,Y) 服从二维正态分布 $N(1,2;1,1;0.5)$，则 $P\{X<Y+1\}=$ ＿＿＿＿＿．[结果用 $\Phi(x)$ 表示].

5. 某车间生产螺钉，从长期实践知道，螺钉长度 X 服从正态分布. 从某天生产的螺钉里随机抽取 5 个，测算后得样本均值 $\bar{x}=4.364$. 当已知 $\sigma=0.108$ 时，总体均值 μ 的置信度为 0.95 的置信区间是_____ [已知 $t_{0.025}(4)=2.7764, t_{0.05}(5)=2.0150, \mu_{0.025}=1.96, \mu_{0.05}=1.645$].

三、解答题（每小题 10 分，共 60 分）

1. 设有两种报警系统 Ⅰ 与 Ⅱ，它们单独使用时，有效的概率分别为 0.92 与 0.93，且已知在系统 Ⅰ 失效的条件下，系统 Ⅱ 有效的概率为 0.85，试求：
   (1) 系统 Ⅰ 与 Ⅱ 同时有效的概率；
   (2) 至少有一个系统有效的概率.

2. 设随机变量 X 的分布函数 $F(x)=\begin{cases} 0, & x<0, \\ \dfrac{x^2}{4}, & 0 \leqslant x<2, \\ 1, & x \geqslant 2, \end{cases}$ 求：
   (1) $P\{1<X<4\}$；
   (2) $E(X), D(X)$；
   (3) $Y=2X-1$ 的概率密度 $f_Y(y)$.

3. 设二维随机变量(X,Y)的联合分布律如下.

X \ Y	0	1	2
−1	0.1	0.1	b
1	a	0.1	0.1

若事件$\{\max\{X,Y\}=2\}$与事件$\{\min\{X,Y\}=1\}$相互独立，求：
(1) 常数a,b；
(2) $\operatorname{cov}(X,Y)$.

4. 设随机变量X和Y相互独立，X服从$(0,1)$上的均匀分布，Y服从$\lambda=1$的指数分布，求：(1) $P\{Y\leqslant X\}$；(2) 随机变量$Z=X+Y$的概率密度.

5. 设随机变量 X 和 Y 相互独立且分别服从正态分布 $N(\mu,\sigma^2)$ 与 $N(\mu,2\sigma^2)$，其中 σ 是未知参数且 $\sigma>0$. 记 $Z=X-Y$.

(1) 求 Z 的概率密度 $f(z)$.

(2) 设 $Z_1,Z_2,\cdots,Z_n$ 为来自总体 Z 的简单随机样本，求 σ^2 的最大似然估计量 $\hat{\sigma}^2$.

(3) 证明 $\hat{\sigma}^2$ 为 σ^2 的无偏估计量.

6. 根据长期经验知，某厂生产的特种金属丝的折断力 $X \sim N(\mu,\sigma^2)$（单位：kg）. 已知 $\sigma=8$kg，现从该厂生产的一大批特种金属丝中随机抽取 10 个样品，测得样本均值 $\bar{x}=575.2$kg. 问：可否认为这批特种金属丝的平均折断力是 570kg $[\alpha=5\%, \mu_{0.025}=1.96, t_{0.025}(9)=2.262\ 2, t_{0.025}(10)=2.228\ 1]$？